"十四五"时期国家重点出版物出版专项规划项目

先进制造理论研究与工程技术系列

船舶柴油机尾气污染物
一体化处理技术

Integrated Treatment Technology
for Marine Diesel Engine Exhaust Pollutants

席鸿远　周　松　张　钊　李蕴羽　著

U0223121

哈尔滨工业大学出版社
HARBIN INSTITUTE OF TECHNOLOGY PRESS

内 容 简 介

以重质燃油作为主要燃料的船舶柴油机尾气污染日趋严重,对人类健康和生态环境造成了极大的危害。本书系统、全面地介绍了船舶柴油机 SO_2 和 NO 的排放现状、法规要求以及单一减排措施。在此基础上,提供了船舶柴油机多污染物一体化处理有效方法,详细阐述了一体化处理技术的反应机理以及传质-反应特性。

本书可供高等院校动力工程及工程热物理、化学工程、环境工程、船舶与海洋等专业的教师、研究生、高年级本科生以及相关专业工程设计人员学习和参考。

图书在版编目(CIP)数据

船舶柴油机尾气污染物一体化处理技术/席鸿远等著. —哈尔滨:哈尔滨工业大学出版社,2024.10
(先进制造理论研究与工程技术系列)
ISBN 978-7-5767-1182-0

Ⅰ.①船… Ⅱ.①席… Ⅲ.①船用柴油机-废气治理
Ⅳ.①X701

中国国家版本馆 CIP 数据核字(2024)第 028559 号

策划编辑 王桂芝
责任编辑 陈雪巍 杨 硕
出版发行 哈尔滨工业大学出版社
社 址 哈尔滨市南岗区复华四道街 10 号 邮编 150006
传 真 0451-86414749
网 址 http://hitpress.hit.edu.cn
印 刷 哈尔滨博奇印刷有限公司
开 本 720 mm×1 000 mm 1/16 印张 11 字数 203 千字
版 次 2024 年 10 月第 1 版 2024 年 10 月第 1 次印刷
书 号 ISBN 978-7-5767-1182-0
定 价 79.00 元

前　言

以重质燃油作为主要燃料的船舶柴油机污染日趋严重,对人类健康和生态环境造成了极大的危害。随着船舶柴油机尾气污染物引发的环境问题日趋严重,国际组织和各国政府纷纷制定相关法规,限制船舶污染物质的排放。在严格的 SO_2 和 NO 减排要求下,现行处理技术已经无法满足二者的同步履约控制,航运业对于船舶柴油机 SO_2 和 NO 排放新型一体化处理技术的需求日益强烈。

本书是为了充实、完善和发展船舶柴油机尾气污染物一体化处理技术,促进船舶柴油机产品配套以及船舶航行污染治理,推动船舶柴油机适配合规技术研发进程而撰写。全书共6章,第1章主要介绍了船舶柴油机尾气污染物的排放现状、相关法规、现行处理技术以及一体化处理技术所面临的难题;第2章主要介绍了船舶柴油机尾气污染物新型一体化处理技术研发所需要的设备和实验方法;第3章主要以过硫酸钠氧化吸收法为例,详细介绍了一体化处理技术;第4章主要介绍了一体化吸收过程热力学和传质-反应动力学研究方法;第5章以新型过硫酸钠/尿素氧化-还原复合体系为例,详细阐述了新型一体化处理技术的性能检验方法;第6章论述了新型一体化处理技术脱除过程的热力学和反应动力学研究。

在本书撰写过程中,哈尔滨工程大学柴油机排放控制技术研究室周松、张钊、周伟健、李蕴羽、孙昂、张天鹏和王齐铜提供了不少帮助,其中周松和周伟健进行了第1章和第2章内容中关于船舶柴油机排放控制现状和研究方法的梳理与总结工作,李蕴羽、孙昂、张天鹏和王齐铜协助进行了资料查询和书稿整理工作,在此深表谢意!同时,感谢国家自然科学基金联合基金重点项目“基于复合氧化还原体系的船舶动力废气多污染物协同处理关键理论及核心技术研究”(项目编号U1906232)以及面上项目“氧化-还原耦联吸收体系协同脱除船

舶发动机 SO_2 和 NO_x 歧路交互反应机理研究"（项目编号 52371367）的支持。

　　由于作者所具有的知识储备有限，对于书中存在的不妥之处，作者诚恳欢迎各位读者批评指正！

作　者

2024 年 8 月

目　　录

第1章 船舶柴油机尾气污染物处理技术

1.1 船舶柴油机尾气污染物排放现状及相关法规

1.1.1 船舶柴油机尾气污染物排放现状及危害

船舶运输因具有承载量大、运行安全、营运成本低等优点,长期作为全球化贸易和制造业供应链的支柱,在经济发展中有着举足轻重的地位。近年来,在"一带一路"倡议指导下,区域间的经贸活动显著增加。根据2019年Equasis发表的统计数据显示,全球500总吨位以上的远洋船舶数量超过6.3万艘,载重量累计超过13.4亿t,占全球商船总载重量的99%。另据我国交通运输行业发展统计公报显示,截至2019年4月,全国沿海运输船舶及远洋运输船舶总数超过1.2万艘,载重量超过1.2亿t,营运性货物运量超过32.8亿t。联合国贸易和发展会议(United Nations Conference on Trade and Development,UNCTAD)在 *Review of Maritime Transport* 2019 报告中的数据显示,超过80%的世界贸易通过船舶运输进行,并且在2019—2024年间,船舶贸易运输量预计会以平均每年3.4%的增长量持续增加。

然而,船舶运输行业的高速发展也给生态环境带来了巨大压力。目前,全球海运运输船舶队伍中,90%以上的船舶采用具有热效率高、经济性好等优势的大功率柴油机作为动力装置。其中,海运船舶往往以重质燃油(Heavy Fuel Oil,HFO)作为燃料,导致排放废气中含有大量的氮氧化物(NO_x)和硫氧化物(SO_x),对大气环境和人类健康造成了严重危害。根据全球年度估算,约70%的全球船舶尾气排放集中在海岸400 km以内,并且可以扩散至400～1 200 km范围,成为沿海地区和港口城市的主要空气污染源。例如,2016年,船舶SO_2和NO_x排放量分别为上海地区两项总量贡献了35%和5.8%;2017年,我国香港地区海运船舶SO_2和NO_x排放量分别占当地总排放量的52%和37%,成为香港口岸最大排放源。

船舶所排放的 NO_x 和 SO_x 气体通过大气循环,在陆地、海洋和淡水生态系统中沉积,形成光化学烟雾、酸雨及酸性气溶胶颗粒,造成了生态系统衰退和海洋生态系统酸化,影响了全球气候变化,增加了人类健康风险。近年来,随着国际贸易的不断强化,船舶运输日趋频繁,SO_x 和 NO_x 等污染物质的排放量也与日俱增。

1.1.2　船舶柴油机尾气污染物排放法规

船舶排放 SO_x 和 NO_x 等有害物质所引发的污染问题日益凸显,各国政府对此高度关注。国际海事组织(International Maritime Organization,IMO)、美国国家环境保护署(Enviromental Protection Agency,EPA)以及欧盟等国际和地区组织纷纷立法以限制船舶有害污染物质的排放。1973 年,IMO 制定了船舶污染物防治议定书,并在 1978 年进行修订形成 MARPOL 73/78 公约。该公约是目前最为重要的国际海事环境公约之一,旨在最大限度地降低海洋污染。1997年,IMO 缔约国大会上制定并通过了 MARPOL 73/78 公约附则 Ⅵ《防止船舶造成空气污染规则》。图 1.1 所示为 IMO 颁布的 MARPOL 73/78 公约附则 Ⅵ 对国际航行船舶燃油硫含量的规定。根据规定,2020 年之后,船舶进入硫排放控制区(SO_x Emission Control Areas,SECA)航行时,必须使用含硫质量分数低于 0.1% 的燃油,或者使用 IMO 海洋环境保护委员会(Marine Environment Protection Committee,MEPC)认可的等效替代方式(如湿法洗涤)将 SO_x 排放量降低 96% 以上(按燃油含硫质量分数 2.7% 估算)。目前已经生效的 SECA 包括波罗的海、北海(包括英吉利海峡)、美国加勒比海以及北美海域,并且在未来将会进一步扩大。图 1.2 所示为 MARPOL 73/78 公约附则 Ⅵ 对船舶柴油机 NO_x 排放限值的规定。根据规定要求,2016 年之后生产的或在 2016 年之后主体进行过重大改造的船舶柴油机在 NO_x 排放控制区(NO_x Emission Control Areas,NECA)必须满足 Tier Ⅲ 排放要求,与 Tier Ⅰ 相比,NO_x 排放量必须减少 80%。目前,NO_x 排放控制区包括北美沿海地区与美国加勒比海地区,以及 2021 年加入的波罗的海和北海地区。

欧盟和美国环境保护局对于船舶燃油硫含量的法规要求基本与 MARPOL 73/78 公约附则 Ⅵ 一致。但是,对于船舶柴油机 NO_x 排放限值,则在公约附则的基础上制定了更为严格的法规。2008 年,欧盟实施了《商用内河船舶发动机排放控制标准》(2004/26/EC),对船舶 NO_x 排放限值做了进一步限制,EPA 在 2017 年实施了编号为 40 CFR Part 1042 的法规,对船舶 NO_x 排放限值执行更为严格的 Tier Ⅲ 及 Tier Ⅳ 标准。我国也公布了多项法规对船舶 SO_2 和 NO_x 排放量进行限制。2004 年 4 月,国家环境保护总局颁布了《非道路移动机械用柴油

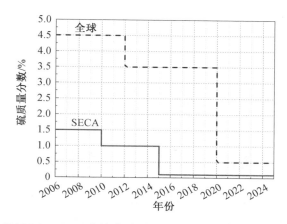

图 1.1　MARPOL 73/78 公约附则 Ⅵ 对国际航行船舶燃油硫含量的规定

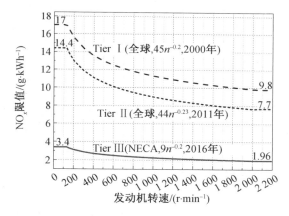

图 1.2　MARPOL 73/78 公约附则 Ⅵ 对船舶柴油机 NO_x 排放限值的规定

机排气污染物排放限值及测量方法(中国 Ⅰ、Ⅱ 阶段)》。环境保护部于 2014 年 5 月颁布了《非道路移动机械用柴油机排气污染物排放限值及测量方法(中国第三、四阶段)》。两项标准对额定功率不超过 37 kW 的船用柴油机污染物排放量进行了限制。2015 年 8 月,交通运输部发布了《船舶与港口污染防治专项行动实施方案(2015—2020 年)》,计划在 2020 年实现珠三角、长三角、环渤海(京津冀)水域船舶 SO_x 和 NO_x 排放量与 2015 年相比分别下降 65% 和 20%。2016 年 8 月,环境保护部发布《船舶发动机排气污染物排放限值及测量方法(中国第一、二阶段)》,对额定功率超过 37 kW 的船用柴油机和气体燃料发动机污染物排放值进行限制,其中较为严格的第二阶段排放限值于 2021 年 7 月 1 日开始执行。2018 年 11 月,交通运输部发布了关于印发《船舶大气污染物排放控制区实施方案》的通知,在原有珠三角、长三角、环渤海等船舶排放控制水域的基础上,全面扩大了我国沿海和内河水域船舶排放控制区域范围,并于2019 年 1 月 1 日开始实施。

面对严峻的船舶 SO_x 和 NO_x 减排形势,船舶运输行业必须采取行之有效的减排技术同时对两种污染物质进行有效控制,从而满足国际和地区法规的要求,减少对生态环境的污染和人类健康的损害,保证船舶在各地区的合法航行。

1.2　船舶柴油机尾气污染物排放控制技术

针对船舶 SO_x 和 NO_x 的排放问题,国内外各大船用柴油机制造厂商及科研单位先后开展了大量的船舶柴油机排放控制技术研发工作,多项 SO_x 或 NO_x 排放的单独控制技术被提出,其中部分技术经过实际使用检验后已取得规模化的商业应用。目前,已获应用的单一污染物(SO_x 或 NO_x)履约控制技术主要有低硫船用轻质燃油(Low Sulfur Marine Gas Oil,LSMGO)、替代燃料(如液化天然气(Liquefied Nature Gas,LNG))、废气湿法洗涤系统(Exhaust Gas Cleaning System,EGCS)(主要是指湿法脱硫技术)、废气再循环(Exhaust Gas Recirculation,EGR)以及选择性催化还原(Selective Catalytic Reduction,SCR)等。但是,多污染物的同时控制迫使船舶运输行业不得不采用单一污染物控制技术的串联组合模式并对 SO_x 和 NO_x 的排放进行履约控制。目前,主要的串联组合技术有 HFO、EGCS 和 SCR 联合技术,LSMGO 和 SCR 联合技术,HFO、EGR 和 EGCS 联合技术以及 LNG 和 SCR 联合技术。这些技术虽然能够实现船舶柴油机 SO_x 和 NO_x 的一体化履约控制,但也存在诸多必须要解决的问题。

HFO、EGCS 和 SCR 联合技术依然采用成本低廉的高硫燃油,并不会增加柴油机的运行成本。同时,EGCS 和 SCR 分别是非常成熟的 SO_x 和 NO_x 排放控制技术,随着多年的研究和改良,两种技术更是朝着高效率、小型化、低成本等方向发展,SCR 系统如果能控制好 NH_3 泄漏问题,是首选能够满足 Tier Ⅲ 排放要求的 NO_x 排放控制技术。因此,该项联合技术是一种具有成本低、运行稳定、效率高等优势的首选技术。但是,该项联合技术也存在一些需要克服的问题。对于常规后处理布置,EGCS 布置在 SCR 前端首先对 SO_x 进行吸收,经 EGCS 后的尾气温度较低(50 ~ 60 ℃),无法保证 SCR 的正常工作(270 ~ 300 ℃),大大降低了 NO_x 吸收效率。只有将高压 SCR 与低压 EGCS 串联使用,才能充分发挥 SCR 和 EGCS 的优点,但是其存在系统占用空间大、设备投资成本及运行维护成本高、操作难度大等问题。此外,EGCS 和 SCR 的串联使用,对船舶稳定性设计也是一项挑战。

　　LSMGO 和 SCR 联合技术采用低硫燃油,可以直接满足 SO_x 的减排要求,再利用 SCR 系统直接降低 NO_x 排放,具有处理效率高、运行稳定、占地面积小等优势。但是,低硫燃油和高硫燃油理化性质不同,具有闪点低、黏度低和润滑性能低等特点。如果原有柴油机不经改造直接使用低硫燃油,会造成供油系统和润滑系统故障,损坏柴油机设备。此外,全球燃油的平均含硫质量分数为2.7%,满足法规要求的低硫燃油必须经过脱硫处理,而脱除燃油中的 1 t 硫,会大幅度增加 CO_2 排放量,而且每吨燃油脱硫1% 需要20 ~ 60 美元,这就意味着燃油脱硫将造成船用燃油价格的显著上涨。柴油机系统的改造和燃油价格的上涨增加了使用低硫燃油时的柴油机运行成本,进而增加了船舶运输的运营成本,削弱了船舶运输企业在行业中的竞争力。因此,该项联合技术不具备经济性,使用中存在一定的局限。

　　HFO、EGR 和 EGCS 联合技术中的 EGR 技术是能够满足 Tier Ⅲ NO_x 排放要求的机内控制技术。其并没有添加额外的后处理装备,还能够在使用价格低廉的重质燃油和投资运行费用相对较低的 EGCS 洗涤系统时,实现对 SO_x 和 NO_x 排放的一体化控制。该项联合技术兼顾了经济性和运行稳定性,减小了设备占地面积,也是一项具有实际应用价值的技术。EGR 在应用的过程中虽然会大幅度降低 NO_x 的排放,但是也会增加颗粒物(PM)、CO 和 HC 的排放量,燃油消耗率也会随之增加。

　　LNG 和 SCR 联合技术中的 LNG 是公认的绿色清洁能源,全球储备丰富且价格合理,作为船舶动力装置的替代燃料,不但可以 100% 减排 SO_2 及 PM,还能够同时减少85% ~ 90% 的 NO_x 和15% ~ 20% 的 CO_2 排放,完全能够实现船舶柴油机 SO_x 和 NO_x 的履约排放。但是,其使用过程中仍然需要解决很多问题。首先,全球大部分港口的船舶 LNG 加装补给设施配套不全,船舶航行过程中在各个港口的加装存在困难,这就使得续航能力较弱的 LNG 动力船舶无法实现中远距离航行;其次,LNG 存储压力罐占用空间为等量柴油舱的3 ~ 4 倍,存储环境要求极其严格,LNG 的存储问题将导致船舶建造成本增加8% ~20%;最后,低压 LNG 动力装置存在甲烷逃逸问题,甲烷的全球增温潜势是 CO_2 的 25 倍,法规对于甲烷的排放限值也有严格限制。

　　综上所述,想要同时实现船舶 SO_x(主要为 SO_2)和 NO_x(主要为 NO)的排放控制,必须在充分考虑船舶运行环境的同时,采用更为有效的新型技术。Gilbert 等研究了包括 LNG、甲醇、生物柴油等一系列替代燃料的排放特性,结果表明不存在可用于满足短期或长期船舶减排要求的可替代燃料。同时,一些学者认为,面对2020 年施行的全球 SO_x 排放上限,EGCS 湿法洗涤技术仍然是主要的控制方法。虽然现有湿法洗涤技术还不能够很好地同时对船舶柴油机

SO_x 和 NO_x 的排放进行控制,但是研究人员认为这种方法仍然是最有前景的一体化控制技术。对于 EGCS 湿法洗涤系统而言,如果能够解决 NO_x 的吸收问题,将在不改变使用低价 HFO 的前提下,实现 EGCS 对于 SO_x 和 NO_x 的同时吸收,满足法规要求。同时,能够在已有船舶脱硫用 EGCS 系统的基础上加以改造,以极小的投资实现 SO_x 和 NO_x 同时履约控制。此外,也不会存在 SCR 无法对 SO_x 有效去除和催化剂钝化等问题。本书正是基于现有船舶排放控制技术的瓶颈问题,在国内外船舶尾气处理技术与固定源烟气处理技术相关研究的基础上,采用过硫酸钠主导的湿法洗涤技术对船舶柴油机废气中的 SO_2(SO_x 主要成分)和 NO(NO_x 主要成分)进行一体化处理,并结合船舶运行环境和相关法规要求,首次建立以过硫酸钠／尿素为主体的湿法洗涤新方法,通过实验研究和理论分析相结合的方式,对基于该复合体系的 SO_2 和 NO 一体化吸收问题开展研究,旨在单一洗涤设备内部实现 SO_2 和 NO 的高效一体化控制。

1.3　船舶柴油机尾气污染物湿法控制技术研究现状

1.3.1　SO_2 湿法控制技术

针对船舶 SO_2 排放问题,综合考虑船舶初始投资、改造难度、运行成本、稳定性以及续航能力等因素,安装 EGCS 洗涤系统才是 SO_2 履约控制的有效选择。对于船用 EGCS 洗涤技术,国内外科研机构和柴油机生产厂商都相继开展了大量的机理以及实船应用研究。目前,国内外处于中试或者已经实船应用的船舶 SO_2 湿法控制技术(图 1.3)主要有开式系统、闭式系统以及混合式系统。

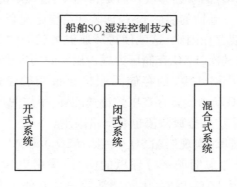

图 1.3　船舶 SO_2 湿法控制技术

(1)开式系统。

开式系统的主要代表方法为海水法。海水法起源于 20 世纪 60 年代后期,是将天然海水作为吸收剂,利用海水天然碱度,中和吸收烟气中的 SO_2 形成亚硫酸盐及亚硫酸氢盐,再利用氧气进行氧化处理,最终形成无害硫酸盐,从而实现 SO_2 排放控制。该项技术一经提出,各国科研人员对于海水脱硫技术采用不同塔型时液气比(L/G)、SO_2 浓度[1]、海水温度、海水碱度、海水浓度等影响因素进行了相关研究。由于海水的碱度有限,需要不断地更新海水保证 SO_2 吸收效率,洗涤废水则经过曝气处理后直接排放,因此,海水法是一种“开放式(open loop)”的处理技术。

Hamworthy 公司的 Krystallon 系统、Marine Exhaust Solutions 公司的 EcoSliencer 系统以及 Wärtsilä 公司的 Open Loop 系统等都是采用海水法对船舶 SO_2 进行吸收处理,当燃油含硫质量分数为 3.5% 时,能够实现 96% 以上的脱硫效率,并且成功应用于多艘船舶。除了相关公司外,不少学者也对海水法脱硫进行了研究。Andreasen 等人通过实验和模拟相结合的方式对海水脱硫过程及机理进行了研究。盖国胜提出一种新型海水脱硫装置,该装置采用斜入喷雾的方式进行海水喷淋,并通过安装布气板优化内部流场。采用模拟与实验相结合的方式对新型装置的脱硫性能进行系统研究。Caiazzo 等人采用喷淋塔技术对船舶尾气进行了海水脱硫实验研究。研究表明在提高液体流速、增加气体停留时间并降低 SO_2 浓度的情况下可以提高脱硫效率,最高脱硫效率为 93%。同时,Caiazzo 等人还对喷淋过程中液滴尺寸分布特性进行了分析研究。Lamas 等利用计算流体力学(CFD)模拟技术对海水与蒸馏水船舶尾气脱硫进行了数值模拟研究,并通过实验进行验证。通过对海水与蒸馏水的对比分析研究可知,海水脱硫技术的主要影响因素是海水的碱度,在 SO_2 浓度不高的条件下,脱硫效率可以达到 100%。

海水法的主要优势是船舶航行过程获取十分方便,降低了系统运行成本。但是由于海水碱度限制,想要达到目标脱硫效率,海水需求量巨大,因此增加了泵功率从而增加了燃油消耗,并且大量脱硫废水需要处理也是该技术的一个缺点。

(2)闭式系统。

闭式系统是利用淡水(或海水)作为载体,以碱性添加剂作为脱硫剂。当吸收液碱性不足时,通过添加碱性物质稳定脱硫效率,可以在一个封闭的循环(closed loop)中将 SO_2 吸收,极大减少了脱硫废水的排放甚至可以不排放。因此,该方法又称为闭式洗涤法。Wärtsilä 公司最早致力于闭式洗涤系统的研究,并利用填料塔强化气液接触,达到了 98% 的脱硫效率,并成功在多艘游轮

---

[1]　本书中“浓度”和“含量”作为不同量的泛称使用,具体含义参考对应单位。

和货轮上投入使用。李文对多种烟气脱硫方法优缺点进行了对比分析,并对钠碱法闭式脱硫系统进行了船舶应用探索,从脱硫机理、船舶应用选型、经济性等方面阐述了该方法的可应用性。哈尔滨工程大学周松、刘佃涛等人对船用钠碱法关键吸收参数对脱硫效率的影响以及 SO_2 吸收机理进行了系统研究,并以 MAN 5S50ME 型柴油机实机配机实验。结果表明,在燃油含硫质量分数为 3.5% 的条件下,柴油机在各个工况下排放废气经过钠碱洗涤系统后的 SO_2 浓度(体积分数)均低于 6×10^{-6}。该系统也于 2015 年得到了中国船级社的型式认可证书,成为亚洲首套船舶钠碱法脱硫系统。大连海事大学朱益民、唐晓佳等人建立了一套中试规模的船舶废气脱硫装置,采用镁基 – 海水法对影响船舶尾气脱硫的因素进行研究。各因素影响程度由大到小依次为:pH 值,循环喷淋量,烟气流量。燃用含硫质量分数为 0.93% 的燃油,在烟气流量为 5 000 m^3/h、循环喷淋量为 45 m^3/h、pH 值为 7.5 的操作条件下,处理后的 SO_2 浓度低于 2×10^{-5}。在 0.5 m/s 空塔气速下,最佳液气比为 10 L/m^3,镁硫比为 1.0,脱硫效率保持在 95% 左右。

闭式系统具有脱硫效率高、能耗低、废水量少等优势。相对于开式系统,该技术需要添加中和剂供给系统,同时为了减少吸收剂载体的蒸发量,需要加装一套洗涤液冷却装置。因此,其购置成本较海水法略高。但是,该种方法仍然以其突出的优势成为目前船舶脱硫的首选方法之一。

(3)混合式系统。

混合式系统(hybrid loop)是由 Aalborg Industries 公司根据开式系统和闭式系统的各自特点开发的一种船舶脱硫技术。船舶行驶至排放控制区,以闭式系统运行保证较高的脱硫效率并且减少洗涤废水排放;在排放控制区外,则切换到开式系统降低运行成本。该系统不但能够达到 98% 以上的脱硫效率,还能够达到 80% 的颗粒物捕集。混合式系统的独特操作和弹性设计,使其具有很好的操作弹性,能够实现船舶在排放控制区内外的航行自由。目前,大部分致力于船舶废气脱硫装置开发的公司都倾向于混合式系统的研制。Clean marine 公司的混合式系统根据旋风除尘原理,设计了一种结构紧凑的锥形洗涤塔,并成功应用于美国排放控制区内运行的 M/V Balder 号和沪东公司的两艘邮轮。Wärtsilä 公司也成功研制了混合式系统,并于 2012 年应用于 Wihelmsen 公司的 MV Tarago 客船上,2014 年应用于 STX Finland 公司的 Mein Schiff 游轮上。日本 Fuji Electric 公司的 Save Blue 洗涤系统是一种首次使用气旋技术的脱硫洗涤设备。该系统有效降低了压损,提高了柴油机的效率,并减少了洗涤水用量,该公司声称此产品是目前最小的船舶尾气洗涤塔。国内北京化工大学郝姗设计了一套混合脱硫系统,并对装置结构和关键操作参数对于脱硫效率的影响进行了实验研究,实验结果表明当入口 SO_2 浓度为 3.04 g/m^3 时,液气比达到 15 L/m^3 时,脱硫效率在 97.04% 以上。

综上所述,面对船舶废气中硫氧化物的排放法规要求,国内外研究人员都开展了不同层面的深入研究,提出了多种有效技术并成功应用于船舶。根据目前行业应用状况,湿法脱硫技术仍然是应用最为广泛的硫氧化物排放控制技术,如果能够将 NO 的控制过程成功融入,实现船舶 SO_2 和 NO 的一体化湿法去除,将在很大程度上推动行业技术革新进程,实现行业履约新型技术的开发。

1.3.2　NO 湿法控制技术

船舶尾气 NO_x 的特性与易溶的 SO_2 不同,其中 90% 以上是难溶于水的 NO 气体。想要利用湿法控制技术实现 NO_x 履约排放,就必须将 NO 气体氧化成易溶的高价态氮氧化物,从而实现 NO_x 的高效吸收。近年来,船舶 NO 排放控制技术的研究热点主要集中于 EGR 与 SCR 技术,对于 NO 湿法控制技术的研究相对较少,然而,还是有一部分科研单位和研究人员开展了相关研究。

季向赟设计搭建了基于电解海水原理的船舶废气脱硝实验系统,利用电解阳极酸性水氧化尾气中的 NO,并对阳极酸性水的 pH 值、ORP 值和氧化性物质浓度对脱硝效率的影响进行了系统研究,同时以 5S35ME – B9 型柴油机为例分析了该种脱硝方法的经济性。研究结果表明,该种方法可以达到约 52% 的脱硝效率,耗能约为柴油机总功率的 10% 。

孔清以海水作为溶剂配制亚氯酸钠($NaClO_2$)溶液对船舶尾气进行脱硝处理,并对 $NaClO_2$ 浓度、NO 浓度、溶液温度等参数对 $NaClO_2$ – 海水溶液脱硝性能的影响进行研究,同时对比分析了 $NaClO_2$ – 海水溶液与 $NaClO_2$ – 淡水溶液的脱硝性能以及脱硝持续时长。研究结果表明, $NaClO_2$ – 海水溶液能够实现 89% 的脱硝效率,但是当有 SO_2 存在时,其脱硝持续时长大幅缩短。

潘新祥、韩志涛、杨少龙等人采用电解海水技术,在实验级别的半连续鼓泡反应器中,对船舶尾气中的 NO 进行处理,并对脱硝过程的影响因素、反应机理及传质 – 反应动力学进行了系统研究。实验结果表明,NO 去除效率在单级处理模式下能够达到 52.4% ,双级处理模式下能够达到 92% 。

刘飞利用等离子体技术对船舶废气中的 NO 进行预氧化处理,旨在使船舶尾气中的 NO_x 不到 10% 的氧化度提高至湿法洗涤技术要求的 50% ,并在研究中以 C_3H_6 为添加剂增加 NO_x 氧化度。研究结果表明, C_3H_6 的加入可增加氧化性自由基含量,从而提高 NO_x 氧化度,当 C_3H_6 体积分数增加到 1×10^{-3} 时, NO_x 氧化度峰值达到 56.2% 。

夏鹏飞首次提出在湿法洗涤器中加入 O_3 ,与洗涤液中 NaClO 同位协同氧化船舶尾气中 NO 的新型方法。该方法的目的是降低 O_3 与 NO 作用时的温度，减少 O_3 分解损耗，提高 NO 氧化效率。当 O_3 浓度为 6×10^{-4} 时，NaClO 浓度在 $2.5 \times 10^{-3} \sim 12.5 \times 10^{-3}$ mol/L 范围内，1×10^{-3} NO 去除效率能达到 93.8%，但会有 4×10^{-4} 左右的 NO_2 气体排放。

梁远闯提出了一种水力空化强化 NaClO 溶液吸收船舶废气中 NO 的技术，采用文丘里管作为空化反应器和反应器强化 NaClO 溶液与气体分子之间的作用，减少传质阻力。于树博同样采用文丘里水力空化技术对 $NaClO_2$ 溶液吸收船舶废气中 NO_x 的过程进行强化，并探究了不同文丘里射流器上游压力、进气流量、$NaClO_2$ 溶液温度及初始 pH 值等操作参数对脱硝性能的影响。

Boscarto 等人开展了 Pt/Al_2O_3 催化氧化与海水吸收相结合的船舶柴油机废气脱硝研究，并在机理实验研究的基础上，利用 1.5 MW 船舶辅机开展了台架实验。结果表明，当燃油含硫质量分数为 0.4% 时，NO_x 去除率只有 33%；当燃油含硫质量分数超过 2.0% 以后，催化剂性能逐渐减弱。

综合分析可知，近年来由于船舶排放法规的日益严格以及现有应用技术存在技术缺陷，相关研究人员逐步开展新型脱硝技术的研制，并且考虑到 SO_2 的排放控制问题，研究重点则逐渐向湿法方向倾斜，以期实现二者的联合或一体化履约控制。而综合考虑船舶的自身条件、营运目的、运行环境等诸多因素，开展二者的湿法一体化履约控制方法是十分必要的。

1.3.3　NO_x 和 SO_2 一体化控制技术

由于船舶废气中 NO_x 的主要成分为难溶于水溶液的 NO，湿法一体化脱硫脱硝技术是在湿法脱硫技术的基础上强化 NO 吸收，使 SO_2 和 NO 同时被溶液吸收的一种废气净化技术。通过调研发现，SO_2 和 NO 的湿法一体化控制技术尽管工艺有所不同，但其核心都是吸收试剂的选择，按照吸收剂与 NO 作用方式的不同可分为络合吸收法、还原吸收法及氧化吸收法三大类。

（1）络合吸收法。

络合吸收法是向现有的湿法脱硫溶剂中加入液相络合剂，使其与 NO 发生络合反应，将 NO 从气相转入液相，提高 NO 的溶解度，并在液相中将 NO 氧化成高价态氮氧化物从而实现脱除。目前研究较多的络合剂有乙二胺四乙酸亚铁、半胱氨酸亚铁和六氨合钴吸收剂。络合吸收法虽然也能够实现 SO_2 和 NO 的一体化吸收，但是该类方法 NO 平均吸收效率（包含络合剂再生后使用）仅在 60% ~ 80% 之间。此外，想要实现络合法脱硫脱硝反应的循环进行，需要添加氧化抑制剂或者增加紫外光发生器等辅助设备，保证络合试剂的正常使用。络合试剂虽然能够再生，但是络合剂的性能会随着再生次数的增加而逐渐减弱。

因此,络合吸收法存在实际操作条件复杂、脱硫脱硝效率不稳定、经济成本高等不利因素,并没有得到广泛关注和实际应用。

（2）还原吸收法。

还原吸收法是指在 NO 吸收过程中有还原反应参与的方法。综合考虑成本和环境制约条件,目前研究较多的还原性试剂主要为尿素。廉价易得的强还原性尿素可以将 NO 还原为氮气,SO_2 则与尿素反应生成硫酸铵,净化后的烟气直接排放,反应后的溶液可制成硫酸铵化肥出售。黄艺利用尿素溶液对影响脱硫脱硝的参数进行了实验研究,并考察了氧化钙、重铬酸钾、高锰酸钾及亚氯酸钠作为添加剂时对尿素溶液脱硫脱硝效率的影响。Fang 等人研究了尿素溶液的脱硫脱硝效果。研究结果表明,$1.250\ g/m^3$ NO_x 和 $2\ g/m^3$ SO_2 的最高脱除效率分别为 46% 和 100%。此外,研究人员对尿素脱硫脱硝的反应机理进行分析,并从热力学角度分析了该种方法的可行性。杨一理利用尿素/$KMnO_4$ 复合溶液进行了脱硫脱硝的实验研究,研究结果表明,在尿素浓度为 $0.066\ 7\ mol/L$,高锰酸钾浓度为 $1.582 \times 10^{-3}\ mol/L$,烟气流量为 $20\ m^3/h$,液气比为 $20\ L/m^3$,反应温度为 50 ℃ 的最优条件下,SO_2（$2\ g/m^3$）和 NO（$1\ g/m^3$）的脱除效率分别为 99.6% 和 61.0%。叶呈炜对尿素法一体化脱硫脱硝过程中 NO_x 的最佳氧化度进行了探索,当 NO_x 氧化度为 10% 时,SO_2 的平均脱除效率可达 98%,NO_x 的平均脱除效率仅为 56%,而随着 NO_x 氧化度的提高,NO_x 去除效率也同时提高。还原吸收法虽然是一种更为绿色的处理工艺,但是其单独处理过程中 NO_x 处理效率较低,在有 SO_2 存在时,NO_x 还原过程更会受到限制。因此,只能配合相应的氧化性试剂或者提高 NO_x 氧化度的方法（如等离子体、臭氧等）才能提高其吸收效率。为了实现高效便捷的 NO_x 吸收处理,氧化法才是最直接的方法,也是目前研究最多的方法。

（3）氧化吸收法。

氧化吸收法是利用可溶性氧化性物质直接对 NO 进行氧化吸收,或是采用气态氧化性物质与吸收试剂相结合的方式实现 NO 的同位氧化吸收。目前,研究相对较多的氧化性试剂主要有 $NaClO_2$、$NaClO$、H_2O_2、$KMnO_4$、$Na_2S_2O_8$、$K_2S_2O_8$、$(NH_4)_2S_2O_8$、O_3 等。

① 亚氯酸钠（$NaClO_2$）。

Chien 和 Chu 等人利用 $NaClO_2$/NaOH 溶液在实验室级别的喷淋塔内进行了脱硫脱硝一体化实验研究。实验结果表明,SO_2 浓度和 NO 浓度分别在 $5 \times 10^{-4} \sim 2 \times 10^{-3}$ 和 $3 \times 10^{-4} \sim 8 \times 10^{-4}$ 范围内,利用 $NaClO_2$/NaOH 溶液一体化脱硫脱硝效率可分别达到 100% 和 72%。Chien 等人又进一步对 $NaClO_2$ 酸性溶液脱硫脱硝的动力学开展研究,并明确了吸收速率范围、活化能及频率因子等关键参数。此外,在实验过程中还观测到 ClO_2 气体的存在。Pourmohammadbagher 等人利用 $NaClO_2$ 酸性溶液在新型搅拌洗涤装置中对 SO_2 和 NO_x 进行了同时脱除的实验研究,对影响吸收效率的因素进行考察。实验结果表明,利用 $NaClO_2$ 酸性溶液处理 $SO_2((0 \sim 5) \times 10^{-4})$ 和 $NO_x((0 \sim 3) \times 10^{-4})$ 的最佳处理效果分别为 100% 和 81%。Park 等人采用湿式洗涤和静电沉淀器(低温等离子反应器)相结合的新型工艺,利用 $NaClO_2$ 溶液进行了一体化脱硫脱硝的实验研究。实验结果表明该方法能够实现低浓度 SO_2 和 NO 的有效处理。

$NaClO_2$ 有较好的吸水性和较强的氧化性,该法具有设备简单、易操作等优势。但是低浓度的 $NaClO_2$ 溶液对于脱硝效果并不理想,且 $NaClO_2$ 价格昂贵,致使脱硫脱硝成本过高,难以工业化应用。此外,该方法的脱硫脱硝产物成分复杂,不易进行二次利用,处理不当会造成二次污染,对设备也具有很强的腐蚀性,对于船舶而言,贮存也是一个难题,这也限制了此方法在船舶工程中的应用。

② 次氯酸钠($NaClO$)。

Zhao 等人利用 $NaClO_2/NaClO$ 复合溶液在自制鼓泡反应器中对烟气中的 SO_2 和 NO 进行了同时脱除的实验研究。在最佳工艺条件下,脱硫脱硝效率分别为 100% 和 85%。严金英利用 $NaClO$ 溶液在自制小试喷淋塔中对烟气中的 SO_2 和 NO 进行了一体化去除实验研究。研究结果表明,$NaClO$ 溶液单独脱硫脱硝效率分别为 70% 和 20%。赵静同样在小试级别的喷淋塔装置内利用 $NaClO$ 溶液进行一体化脱硫脱硝的实验研究,并得到了 74.6% 的脱硫效率和 58% 的脱硝效率。Mondal 等利用 $NaClO$ 溶液在磁力搅拌鼓泡反应器中对通入的 SO_2 和 NO 进行脱除研究,并根据实验结果,分析了 $NaClO$ 溶液一体化吸收 SO_2 和 NO 的反应机理及吸收过程关键控制步骤。Raghunath 等利用 $NaClO$ 溶液在喷淋塔中对 NO 和 SO_2 气体进行同时脱除的实验研究。研究结果表明,当 $NaClO$ 浓度为 0.024 mol/L,溶液 pH 值为 5.4,反应温度为 313 K 时,SO_2 和 NO 脱除效率最高,分别为 97% 和 87.8%。研究中还发现利用 $NaClO$ 溶液对 CO_2 也有一定的去除作用,CO_2 的脱除效率能达到 40%。

目前,利用单独次氯酸钠脱硫脱硝的处理方法研究并不多,这是因为现有报道中表明次氯酸钠的氧化性不强,对于脱硫脱硝的效果不明显。其只有作为辅助氧化剂时,才能提高脱硫脱硝效率,但是提高幅度也是有限的。

③ 过氧化氢(H_2O_2)。

Liémans 等人对 H_2O_2 同时脱除 SO_2 和 NO 的机理进行了研究。研究表明,当 SO_2 浓度为 $6 \times 10^{-4} \sim 2 \times 10^{-3}$ 以及 NO_x 浓度为 5×10^{-3} 时,有较好的吸收

速率。Liu 等人基于稳态近似法理论对紫外光照射下 H_2O_2 去除 NO 和 SO_2 混合气体的高等氧化过程进行了分析研究。随后对 UV/H_2O_2/NaOH 体系脱硫脱硝过程开展研究,并得到了 100% 的 SO_2 去除率和 85% 以上的 NO 去除效率。H_2O_2 价格低廉,氧化能力较强,并且其氧化产物为 H_2O,无二次污染。但其性质不稳定,在 60 ℃ 便开始剧烈分解为 H_2O 和 O_2。因此,在工业高温烟气的条件下,必须对烟道气进行降温处理,投资费用较高,不利于工业化。

④ 高锰酸钾($KMnO_4$)。

$KMnO_4$ 应用于烟气脱硫脱硝工艺的时间也较早,早期 $KMnO_4$ 单独脱硝的研究结果表明,$KMnO_4$ 对脱出 NO 有明显效果。在此基础上,Chu、钟毅等对 $KMnO_4$/NaOH 溶液一体化脱硫脱硝过程中 NO 和 SO_2 的互相影响开展研究。郭瑞堂等人从热力学的角度对该体系进行分析,证明了该体系一体化脱硫脱硝的可行性。雷鸣等进行了 $CO(NH_2)_2$/$KMnO_4$ 吸收剂一体化脱硫脱硝的研究,结果表明该体系脱硫效率和脱硝效率平均达到 99.6% 和 62.5%。白云峰等在喷射鼓泡塔内利用 $KMnO_4$/$CaCO_3$ 体系中进行一体化脱硫脱硝,结果表明 SO_2 浓度增加有利于 SO_2 和 NO 的脱除,提高浆液 pH 值可单独提高 SO_2 脱除率,NO 浓度和烟气温度对 SO_2 的脱除效率几乎没有影响,浆液 pH 值和温度对 NO 的脱除效率也无明显影响。Ping 等人将 $KMnO_4$ 添加到尿素体系中进行一体化脱硫脱硝脱汞的研究,在最佳操作条件下,SO_2、NO 和 Hg^0 的脱除效率分别可以达到 98.78%、53.05% 和 99.21%。$KMnO_4$ 法是一种高效的烟气净化技术,但是该方法目前还处于一种实验阶段。$KMnO_4$ 的制备工艺复杂,成本较高,且反应过程中生成的二氧化锰沉淀容易造成设备的堵塞,后期产物成分复杂,因此该类方法很难实现广泛的工业应用。

⑤ 过硫酸盐($S_2O_8^{2-}$)。

过硫酸盐分为过一硫酸盐和过二硫酸盐,由于过二硫酸盐含有 O—O 过氧链,其氧化特性要强于过一硫酸盐,因此过二硫酸盐更容易实现目标污染物的高效氧化吸收。常用的过二硫酸盐主要有过硫酸钠($Na_2S_2O_8$)、过硫酸铵($(NH_4)_2S_2O_8$)以及过硫酸钾($K_2S_2O_8$)。Adewuyi 等人于 2010 年首次利用温度活化过硫酸钠技术对燃煤烟气中的 NO 进行处理,并证明了其可行性。随后,又采用同样的技术对一体化脱硫脱硝开展研究。该团队又在以上研究的基础上,对 Fe^{2+} 催化下的过硫酸钠脱硫脱硝性能开展了研究。Liu 等人采用 UV 活化过硫酸铵的技术对 NO 进行吸收,并考察了 SO_2 存在情况下,对 NO 吸收效率的影响。研究结果表明,当 SO_2 浓度从 0 上升到 3×10^{-3} 时,在 0.4 mol/L 过硫酸铵溶液中,NO 去除效率从 90.3% 降低到 83.1%。当过硫酸铵浓度为 0.05 mol/L 时,NO 去除效率从 57.8% 降低到 38.1%。Huang 等人采用电催化过硫酸钾技术对燃煤烟气中的 SO_2、NO 和 Hg^0 进行一体化吸收处理，研究结果表明，利用该项技术能够实现 96% 的 SO_2 去除率、90% 的 NO 去除率和 92% 的 Hg^0 去除率。

过硫酸盐处理技术是近年来兴起的一种脱硫脱硝新型技术。虽然过硫酸根在常态的氧化性并不强，但是在热、光以及过渡金属等条件下可以活化产生氧化性更强的硫酸根自由基和羟基自由基，理论上可以氧化大部分物质。现有利用过硫酸盐处理烟气的研究主要采用紫外光、微波以及过渡金属离子等活化体系，不但需要引入额外大功率耗电设备，还会增加洗涤废水中有色金属离子浓度。但是，以过硫酸盐为基础物质并利用活化生成的硫酸根自由基和羟基自由基进行烟气处理的方法属于强氧化方式，且过硫酸盐的激活体系并不单一。因此，过硫酸盐氧化法是一项具有研究价值的脱硫脱硝技术。

⑥ 臭氧（O_3）。

Mok 等人用 Na_2S 作为吸收剂进行 O_3 氧化法一体化脱硫脱硝的实验，结果取得了约 100% 的脱硫效率和 95% 的脱硝效率，吸收反应产生的 H_2S 可通过碱液反应使吸收液得到再生。Wang 等人利用臭氧注射和玻璃制碱式洗涤塔进行了烟气脱硫脱硝脱汞的研究，实验结果表明，NO 和 Hg 的氧化率很大程度上取决于 O_3 的加入量，而烟气中的 SO_2 并未对 O_3 氧化 NO 造成影响。Sun 等人采用 O_3 氧化结合软锰矿吸收工艺对烟气一体化脱硫脱硝过程进行了研究，实验结果证实 O_3 可实现对 NO 的高效氧化，温度、臭氧量和 NO 浓度对脱硫率和 Mn^{2+} 释放速率几乎没有影响，在最佳实验条件下 NO_x 的脱除效率可以达到 82%。周松等人开展了臭氧结合碱液吸收处理柴油机废气的研究。在实验条件下，当烟气温度为 150 ℃，O_3 与 NO 摩尔比为 0.6∶1，初始 pH 值为 8 时，脱硫脱硝效率分别 100% 和 93%，满足法规要求。O_3 氧化法虽然能够取得较好的脱除效率，但是臭氧是一种现制现用的氧化性物质，对于船舶而言 O_3 的制备增加了后处理单元的能耗，从而增加了柴油机的燃油消耗。

综上所述，各种常用的氧化性试剂都有其独特的优势以及难避免的缺陷。船舶是一种大型的密闭式移动载体，尤其对于远洋船舶而言，航行环境更是相对独立，因此，船舶一体化脱硫脱硝技术所采用的氧化性试剂必须要具有无毒无害、绿色环保、运输便捷、稳定有效以及价格合理等特点。

通过对现有氧化性试剂的对比研究发现，过硫酸钠是一种在常温环境下可以长期稳定存在的氧化性试剂，便于存储和运输。与同类型的有毒物质过硫酸铵和过硫酸钾相比，具有优异的氧化强度，主要用于苯、甲苯、乙苯及二甲苯等有机毒性气体处理，以及有机物污染地下水和柴油污染土壤原位氧化修复技术，是一种无毒无害的绿色环保物质。通过与现有氧化性物质标准氧化还原电位(表 1.1)的对比可知,过硫酸钠本身就具有较为优异的氧化强度,其氧化特性要高于过氧化氢、高锰酸钾及亚氯酸钠等常用脱硫脱硝氧化剂。虽然过硫酸根离子在常温下状态稳定,但是在热、光以及过渡金属离子等条件下激活后,可以生成大量氧化性更强的硫酸根自由基($SO_4^{·-}$),其与水反应更是可以产生氧化性仅次于氟气的羟基自由基($OH^·$)。硫酸根自由基和羟基自由基优异的氧化特性,使其与气体分子之间的反应具有较高的反应速率,能够实现目标处理气体的高效快速吸收。因此,通过相关物理特性和化学特性的对比,以过硫酸钠为基础物质,并利用硫酸根自由基和羟基自由基进行气体强氧化的方法非常有希望实现船舶柴油机 SO_2 和 NO 的一体化高效处理。此外,目前以过硫酸钠为吸收剂对 SO_2 和 NO 一体化处理过程主要影响因素、物质转换宏观特性、反应机理以及传质 - 反应动力学等研究较少,过硫酸钠气体处理性能以及气体吸收过程物质转换路径尚不明确。因此,采用过硫酸钠为主要吸收试剂的船舶柴油机 SO_2 和 NO 一体化处理技术的研究具有较高的必要性和科学价值。

表 1.1　常见氧化性物质标准氧化还原电位

氧化性物质	标准氧化还原电位 /V
$OH^·$	2.8
$SO_4^{·-}$	2.6
O_3	2.07
$Na_2S_2O_8$	2.01
H_2O_2	1.77
$KMnO_4$	1.7
$NaClO_2$	1.57
$NaClO$	1.48

1.3.4　一体化处理技术难题

通过研究现状梳理可知,陆地固定污染源(如燃煤锅炉)烟气中 SO_2 和 NO 处理技术研究相对较多,可以为船舶柴油机尾气中 SO_2 和 NO 新型一体化去除技术的研发提供依据。但是,船舶柴油机尾气特性与燃煤锅炉烟气特性有所不同,如船舶柴油机尾气中的 SO_2 浓度远远小于燃煤锅炉烟气中的 SO_2 浓度。此外,为了实现 SO_2 和 NO 的高效处理,多种单一污染物质处理技术的联合方式以及多级循环处理技术都会导致尾气处理设备体积较大,陆地固定污染源烟气处理技术并不会对设备体积进行严格限制,有限的船舶空间却限制了体积较大的处理技术的应用。因此,船舶柴油机 SO_2 和 NO 湿法一体化吸收处理技术首要的、关键的难题是如何实现 SO_2 和 NO 的高效吸收,尤其是难溶 NO 的吸收。

并不是实现 NO 高效吸收的技术就能够成功应用于船舶。现有湿法氧化处理技术中,NO 的最终产物为硝酸盐,而中国船级社《船舶废气清洗系统实验及检验指南》中对洗涤废水成分中硝酸盐的浓度做出了具体规定:"洗涤水处理系统应防止硝酸盐的排放超过清除废气中 12% NO_x 所对应的硝酸盐量或 60 mg/L(洗涤水排放速率为 45 t/MWh 时的标准值),取大者。"硝酸盐在水中溶解度大,结晶困难,对其进行处理是现代水处理技术的难点。目前,在陆地上对硝酸盐的处理方法有以下六种:反渗透法、电渗析法、离子交换法、化学脱氮法、催化脱氮法和生物脱氮法。其中,反渗透法、电渗析法耗能巨大;离子交换法、化学脱氮法容易受其他化学反应的影响,单位处理成本较高,技术复杂;催化脱氮法需要严苛的化学反应,技术相对复杂;生物脱氮法要求条件比较苛刻,需要电子受体。上述陆地硝酸盐处理技术在船舶上应用,受限因素更多。同时,由于船舶能耗、成本的限制,很难采用传统的蒸发方法对硝酸盐进行处理。因此,当采用湿法处理技术对 NO 进行氧化吸收时,减少 NO 氧化过程终产物硝酸盐含量是湿法脱硫脱硝一体化处理技术的又一个难题。

在现有研究基础上,综合考虑船舶自身条件和航行环境限制,应用湿法一体化吸收船舶柴油机 SO_2 和 NO 的方法需要解决以下难题:

(1)如何实现 NO 的高效吸收;

(2)如何实现 SO_2 和 NO 的一体化高效吸收;

(3)如何减少 NO 湿法吸收终产物硝酸盐含量。

鉴于船舶航行环境和自身条件特殊性(密闭有限空间)的限制,船舶柴油机尾气 SO_2 和 NO 湿法一体化吸收技术所用吸收剂必须具备无毒无害、绿色环保以及稳定有效等特点。同时,一体化吸收技术不但要考虑污染物吸收效率的问题,还要兼顾 NO 氧化过程终态稳定产物硝酸盐的去除问题。总结现有技术特点和吸收剂物化特性,$Na_2S_2O_8$ 满足船舶对于吸收剂的限制条件,并且可以利用船舶柴油机尾气余热对其进行活化,强化其溶液氧化性能,这就提高了利用 $Na_2S_2O_8$ 溶液对船舶柴油机 SO_2 和 NO 一体化高效氧化吸收的可行性。此外,虽然直接采用尿素一体化脱硫脱硝时,脱硝效率不高,但是尿素早已成功应用于船舶 SCR 系统,满足船舶的应用环境,并且其具备的强还原特性使 NO 及硝酸盐的去除成为可能。鉴于此,在充分考虑船舶应用环境特殊限制的前提下,本书建设性地构建了 $Na_2S_2O_8$/尿素氧化-还原复合体系,使 $Na_2S_2O_8$ 主导的氧化过程和尿素主导的还原过程并存,旨在利用氧化过程实现 NO 的有效吸收,从而实现 SO_2 和 NO 的一体化高效去除,并利用尿素的还原特性阻断硝酸盐的生成路径,在保证气体高效处理的同时,减少硝酸盐的残留。现有船舶柴油机尾气中 SO_2 和 NO 的处理技术对比见表 1.2。通过表 1.2 的对比可知,本书所述方法具有明显优势。

表 1.2　船舶柴油机尾气污染物处理技术对比

污染物	工艺方法	工艺特点
SO_2	EGCS	脱硫效率高,无法实现 NO 吸收
NO	SCR	脱硝效率高,对燃油含硫质量分数要求高,否则容易造成催化剂钝化和氨泄漏
SO_2 和 NO	SCR + EGCS	能够实现二者一体化处理,但投资高、体积大、工艺复杂
SO_2 和 NO	本书构建体系	能够实现二者一体化高效吸收,体积小,工艺简单

1.4　船舶柴油机尾气污染物新型一体化处理技术

1.4.1　新型一体化处理技术研究的必要性

随着船舶 SO_2 和 NO 减排要求日益严格,船舶柴油机 SO_2 和 NO 控制目前面临着必须同时脱除的严峻形势。由于现有技术的局限性,开发有效的 SO_2 和 NO 一体化吸收技术已迫在眉睫。目前,$Na_2S_2O_8$ 溶液单一氧化体系气体吸收机制研究不足,本书全新构建的 $Na_2S_2O_8$/尿素复合体系气体吸收机制的研究存在空白。因此,对于 $Na_2S_2O_8$/尿素复合体系一体化吸收船舶柴油机 SO_2 和 NO 的研究具有重大的现实意义和理论意义。针对 SO_2 和 NO 一体化高效吸收的难题以及 $Na_2S_2O_8$ 单一氧化体系气体吸收机制研究不足的现状,本书首先开展 $Na_2S_2O_8$ 单一氧化体系一体化吸收 SO_2 和 NO 的研究,揭示 $Na_2S_2O_8$ 单一氧化体系一体化吸收过程的主要影响因素、反应机理、物质变化宏观规律及传质 – 反应特性,从而掌握单一氧化体系一体化吸收过程的主控因素及反应机制,实现 SO_2 和 NO 的高效氧化吸收。在此基础上,针对湿法吸收技术硝酸盐残留浓度高的问题,引入尿素主导的还原体系,构建全新 $Na_2S_2O_8$/尿素复合体系,探析复合溶液一体化吸收 SO_2 和 NO 过程中的主要影响因素、气体吸收强化机理、硝酸盐抑制机理、物质变化宏观规律及传质 – 反应特性,从而掌握复合溶液一体化吸收过程的主控制因素、气体吸收机制和硝酸盐生成抑制机制,解决湿法一体化处理技术难题,并为后期基于该复合体系的拓展研究奠定理论基础。

1.4.2　新型一体化处理技术的研发思路

围绕湿法一体化处理技术难题及研究目标,本书首先开展过硫酸钠单一氧化体系一体化吸收 SO_2 和 NO 过程研究,随后对全新构建的过硫酸钠／尿素复合体系一体化吸收过程开展研究,对亟待解决的过硫酸钠单一氧化体系及过硫酸钠／尿素复合体系一体化吸收过程中的主要影响因素、反应机理及传质－反应特性等关键问题进行研究,旨在实现 SO_2 和 NO 的一体化高效吸收,并抑制硝酸盐生成,明确气体吸收过程关键控制步骤及硝酸盐生成抑制机理。本书将按照图 1.4 所示的研究思路开展研究,具体研究内容如下。

(1)针对 NO 高效吸收以及 SO_2 和 NO 一体化高效吸收问题,开展过硫酸钠单一氧化体系一体化吸收研究。自主设计实验级别的鼓泡反应器,并搭建模拟船舶废气 SO_2 和 NO 一体化吸收实验平台。选取 $Na_2S_2O_8$ 为吸收试剂,开展 $Na_2S_2O_8$ 溶液单一氧化体系 SO_2 和 NO 一体化吸收实验研究。首先,进行 $Na_2S_2O_8$ 溶液单独吸收 NO 实验,通过在线气体浓度检测,研究反应温度、过硫酸钠浓度、初始气体浓度、溶液初始 pH 值等关键因素对 NO 去除效率的影响以及不同实验条件下 NO 气体浓度变化规律。随后,进行 SO_2 和 NO 一体化吸收实验,研究不同条件下一体化吸收过程中 SO_2 和 NO 浓度及对应去除效率的变化规律,同时进行液相成分分析。根据气体吸收过程实验结果及液相检测结果,研究过硫酸钠溶液单一氧化体系一体化吸收 SO_2 和 NO 过程的反应机理。

(2)为进一步明确过硫酸钠溶液一体化吸收 SO_2 和 NO 过程的物质转化宏观特性及传质－反应过程特性,在实验研究基础上,开展过硫酸钠溶液一体化吸收过程反应热力学和动力学研究。首先,根据反应热力学理论,研究了过硫酸钠溶液一体化吸收过程分步反应和总反应对应的吉布斯自由能变、焓变、熵变及平衡常数等热力学参数在不同反应温度下的变化规律。明确单一氧化体系一体化吸收过程的物质转化宏观特性及主要控制步骤,从热力学层面进一步揭示反应机理。随后,根据宏观反应动力学理论,得出单一氧化体系下 NO 吸收速率方程,研究单一氧化体系下 NO 吸收过程的传质－反应特性及主要影响因素。构建过硫酸钠溶液一体化吸收过程 NO 吸收速率模型,通过与实验测定值对比,验证模型精度。

(3)为减少洗涤废液中硝酸盐的含量,同时确保 SO_2 和 NO 的一体化高效吸收,首次构建全新过硫酸钠／尿素复合体系,并开展复合溶液一体化吸收 SO_2 和 NO 实验研究。首先,进行过硫酸钠／尿素复合溶液单独吸收 NO 的实验研

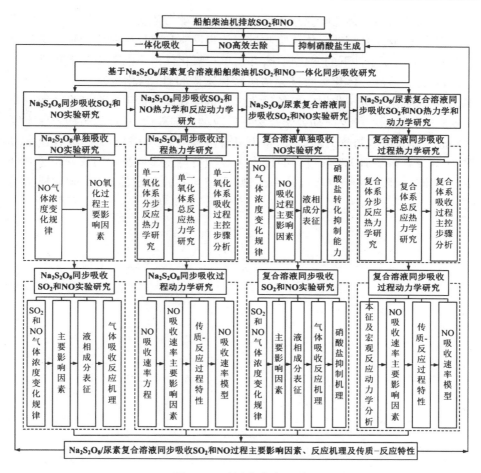

图 1.4　研究框架与思路

究,研究了反应温度、过硫酸钠浓度、尿素浓度、初始气体浓度及溶液初始 pH 值等主要因素对 NO 去除效率的影响以及不同条件下 NO 气体浓度的变化规律。同时,通过液相成分表征,明确残留硝酸盐浓度在不同条件下的变化规律,明确复合溶液 NO 吸收能力以及硝酸盐生成抑制能力。随后,开展复合溶液一体化吸收 SO_2 和 NO 实验,研究主要因素对 NO 去除效率的影响以及不同条件下 SO_2 和 NO 气体浓度的变化规律。通过与单一氧化体系的对比分析,明确不同条件下复合溶液的气体吸收特性和能力。根据液相成分表征结果,研究不同实验条件对于溶液中硝酸盐残留量的影响。此外,根据气体吸收实验结果和液相表征结果,研究复合溶液一体化吸收 SO_2 和 NO 过程反应机理。

（4）为进一步明确过硫酸钠／尿素复合溶液一体化吸收 SO_2 和 NO 过程的物质变化宏观特性、气体吸收强化机制、硝酸盐生成抑制机理及传质－反应特性,开展复合溶液一体化吸收过程反应热力学和动力学研究。根据化学反应热力学理论,研究复合溶液一体化吸收过程分步反应和总反应对应的热力学参数在不同反应温度条件下的变化规律,并与单一氧化体系下的热力学参数进行对比,明确复合溶液一体化吸收过程物质转化宏观特性、强化机制及主要控制步骤,从热力学角度进一步揭示气体吸收强化机理和硝酸盐生成抑制机制等主要反应机理。根据本征反应动力学及宏观反应动力学理论,对过硫酸钠／尿素复合溶液一体化吸收过程开展研究,得出复合溶液吸收 NO 过程 NO 吸收速率方程,研究复合溶液 NO 吸收过程的传质－反应特性及主要影响因素。构建复合体系一体化吸收过程 NO 吸收速率模型,通过与实验测定值对比,验证模型精度。

第 2 章　　船舶柴油机尾气污染物新型一体化处理技术研发条件

2.1　新型一体化处理技术研发平台

根据研究内容,拟开展湿法气体吸收实验及反应动力学研究工作。湿法气体吸收机理实验研究多采用经典鼓泡吸收法。同时,气体吸收实验装置应具备气源供给(单一气体供给或多组分气体供给)、气路切换、温度调节、气体检测、余气处理等功能。因此,自行设计气体一体化吸收实验平台,以满足本书气体吸收实验研究需求。在反应动力学的研究中,需要首先明确吸收液黏度值,还要测定反应器的传质参数。因此,根据反应器传质参数测定方法,自行设计传质参数测定实验平台及溶液黏度测定平台,以满足本书反应动力学研究需求。

2.1.1　气体一体化吸收实验平台

图 2.1、图 2.2 分别是气体一体化吸收实验平台示意图和实物图。整个实验系统由模拟尾气混合单元、反应单元、气体组分分析单元和残留气体处理单元组成。

如图 2.1 所示,模拟尾气混合单元包括标准气体气瓶(1 ~ 3)、双级稳压阀(4 ~ 6)、质量流量控制器(7 ~ 9)和气体混合器(10)。反应单元包括由丙烯酸制成的圆柱形鼓泡塔反应器(15,高度为 760 mm、外径为 60 mm、内径为 54 mm)和用于维持反应器温度的恒温水浴装置(13)。自制鼓泡反应器上端设填料口(16),通过进料孔可以将吸收剂添加到反应器中,也可以将实验溶液取出。在反应器的顶部,使用电子探针温度计(17)来测量溶液的温度。反应器的底部设有圆柱形钛合金气体分布器(14),该气体分布器为工业级别,能够使实验结果更贴近工业应用效果。气体分布器直径为 30 mm,高度为 30 mm,内孔直径为 5 μm,内孔数量约为 3.24×10^{10} 个。气体分布器紧密地结合到反应器的底部,用于分配烟道气流。气体组分分析单元由气体干燥器(19)和气体分析仪(18)组成。实验后,残留气体处理单元(20)用亚氯酸钠等中和剂充分吸收实验剩余未吸收气体,减少对环境及实验人员的危害。另外,通过电子 pH 计检测溶液的 pH 值。用离子色谱仪检测溶液中 NH_4^+、NO_2^-、NO_3^-、SO_3^{2-} 和 SO_4^{2-} 的浓度。

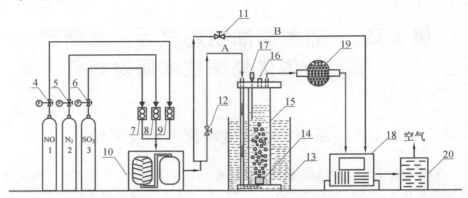

图 2.1   气体一体化吸收实验平台示意图

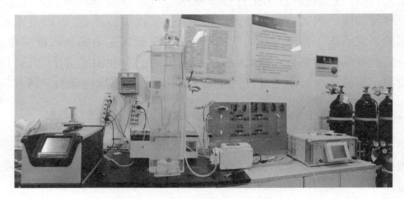

图 2.2   气体一体化吸收实验平台实物图

2.1.2   传质参数测定实验平台

图 2.3、图 2.4 分别是气体一体化吸收实验用鼓泡反应器的传质参数测定实验平台示意图和实物图。整个实验平台由供气单元、气路控制单元、反应单元以及流量检测单元四部分组成。

如图 2.3 所示,供气单元由高纯 CO_2 气体气瓶(1)、可加热减压阀(2)、入口质量流量控制器(3)以及气体增湿器(4)组成。气路控制单元由反应气路 A、排气气路 B 以及控制球阀(5、6)组成。反应单元由电子探针温度计(7)、压力计(8)、自制鼓泡反应器(10)、钛合金气体分布器(11)以及恒温水浴装置(12)

组成。流量检测单元由气体冷凝器(13)及流量检测器(14)组成。自制鼓泡反应上端设有填料口(9),用以加注实验用反应试剂。气体流经路径通过控制球阀根据需求进行调整。

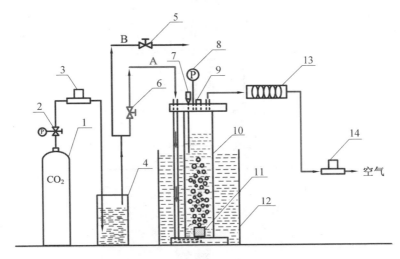

图 2.3　传质参数测定实验平台示意图

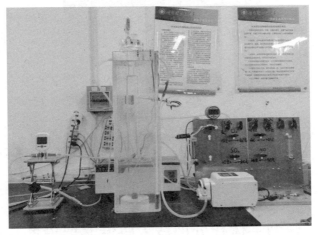

图 2.4　传质参数测定实验平台实物图

2.1.3　液相黏度测定实验平台

图 2.5 为液相黏度测定实验平台示意图,对应实物图如图 2.6 所示。从图 2.5 可看出,液相黏度测定实验平台主要由加热磁力搅拌器(1)、温度探针(2)、数显旋转黏度测试仪(3)、转子连接杆(4)、高精度黏度转子(5)、磁性搅拌转子

（6）以及大口径烧杯（7）等组成。自动黏度测试仪配备0～4号高精度黏度转子，可根据需求进行替换，从而测量本书研究涉及的溶液黏度。

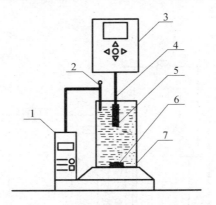

图 2.5   液相黏度测定实验平台示意图

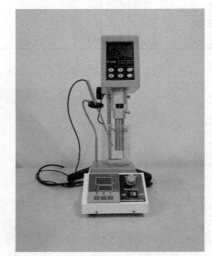

图 2.6   液相黏度测定实验平台实物图

2.2   新型一体化处理技术研发必要设备及试剂

2.2.1   实验设备

研究所需主要实验设备明细见表2.1。

表 2.1 实验设备明细

装置名称	仪器误差
烟气分析仪 PG350	±2%
质量流量控制器	±1%
恒温水浴装置	±1 ℃
pHS – 2F 电子 pH 计	±0.01pH
Integrion 高压离子色谱仪	< 3%
ICS2100 离子色谱仪	< 3%
NDJ – 9S 数显旋转黏度计	±2%
90 – 2A 加热磁力搅拌器	±1 ℃
减压阀	—
亚克力装置	—
钛合金气体分布器	—

2.2.2 实验试剂

本书实验用化学试剂明细见表 2.2。

表 2.2 实验用化学试剂明细

试剂名称	化学式	试剂级别
氮气	N_2	> 99.99%
一氧化氮	NO	1%（N_2 平衡气）
二氧化硫	SO_2	5%（N_2 平衡气）
二氧化碳	CO_2	99.99%
过硫酸钠	$Na_2S_2O_8$	分析纯（≥ 99%）
尿素	$(NH_2)_2CO$	分析纯（≥ 99%）
磷酸二氢钠	NaH_2PO_4	分析纯（≥ 99%）
磷酸一氢钠	Na_2HPO_4	分析纯（≥ 99%）
氢氧化钠	NaOH	分析纯（≥ 99%）

试剂名称	化学式	试剂级别
碳酸钠	Na_2CO_3	分析纯(≥ 99.8%)
碳酸氢钠	$NaHCO_3$	分析纯(≥ 99.8%)
次氯酸钠	$NaClO$	溶液,有效氯含量为 5.5% ~ 6.5%

2.3 新型一体化处理技术研发实验方法

2.3.1 气体一体化吸收实验

此项实验主要研究不同条件下,液相吸收体系对目标气体的处理能力,并明确不同实验条件对于液相吸收体系处理气体能力的影响,具体操作方法如下所述。首先,通过恒温水浴装置将反应器中的去离子水加热至 25 ℃。对于本书中不同实验条件下的每组实验,需要的去离子水的体积随吸收剂的剂量而变化,但是每组实验的溶液总体积恒定为 1.2 L。在实验中,气体将通过两种路径,即包含反应器的主路径 A 和不包含反应器的旁通路径 B(图 2.1)。混合气体的路径转换通过控制阀门(11、12)实现。当主路径的阀门保持打开而旁通路径的阀门关闭时,氮气(99.99%) 可以通过主路径 A 排出管路中的杂质气体。在杂质气体排净后,打开旁通路径 B 的阀门,关闭主路径 A 的阀门。

在气体混合器中,将气体根据需求进行混合:NO(1% NO,N_2 为平衡气体)、SO_2(5% SO_2,N_2 为平衡气体) 和 N_2(99.99%)。在气体混合之后,关闭主路径 A 中阀门(12)并打开旁通路径 B 中阀门(11)使气体流经旁路,通过气体分析仪测量气体浓度。当去离子水根据实验需要达到反应温度(25 ℃、30 ℃、40 ℃、50 ℃、60 ℃、70 ℃ 或 80 ℃) 时,将药物通过进料孔注入鼓泡反应器中。当混合气体的浓度和溶液温度达到目标值且保持稳定时,记录气体分析仪读数,作为初始气体浓度。随后,关闭旁通路径 B 中阀门(11)并打开主路径 A 中阀门(12),使混合气体通过主路径 A 进入反应器,并马上开始记录时间。流经鼓泡反应器的气体经过干燥器后利用烟气分析仪进行分析,每隔 10 s 记录一次气体分析仪的读数,作为出口气体浓度。每个实验周期为 120 min,并且在整个周期内控制气体总流速为 0.8 L/min。重复同样实验 3 次,获得数据取平均值后再进行进一步的计算。按照上述实验方法,考察反应温度(25 ~ 80 ℃)、

$Na_2S_2O_8$ 浓度($0.01 \sim 0.2$ mol/L)、尿素浓度($0.1 \sim 4$ mol/L)、SO_2 气体浓度($6 \times 10^{-4} \sim 1 \times 10^{-3}$)、NO 气体浓度($6 \times 10^{-4} \sim 1 \times 10^{-3}$)和初始 pH 值($4.5 \sim 12$)等因素对 SO_2 和 NO 去除效率的影响。

混合气体中的 SO_2 和 NO 气体脱除效率可计算如下:

$$E_f = \frac{\varphi_{in} \cdot Q_{in} - \varphi_{out} \cdot Q_{out}}{\varphi_{in} \cdot Q_{in}} \times 100\% \tag{2.1}$$

式中 　E_f——污染物去除效率,%;

$\quad\quad \varphi_{in}$——入口气体浓度,$\times 10^{-6}$;

$\quad\quad Q_{in}$——入口烟气流量,mL/min;

$\quad\quad \varphi_{out}$——出口气体浓度,$\times 10^{-6}$;

$\quad\quad Q_{out}$——出口烟气流量,mL/min。

对于本书中涉及的脱硫脱硝反应,由于混合气体中 SO_2 和 NO 的浓度较低($\times 10^{-6}$ 级),流经反应器前后的流量变化很小,因此,去除效率公式可以简化为

$$E_f = \frac{\varphi_{in} - \varphi_{out}}{\varphi_{in}} \times 100\% \tag{2.2}$$

2.3.2　传质参数测定实验

传质参数可利用 2.1.2 节图 2.3 所示传质参数测定实验平台进行测定。首先配制好相关动力学参数测定实验所需吸收溶液。液相传质系数与气液相界面积测定实验采用不同比例浓度的 $NaClO - NaHCO_3/Na_2CO_3$ 混合溶液(NaClO 浓度为 0 mol/L、0.04 mol/L、0.08 mol/L,$NaHCO_3$ 与 Na_2CO_3 浓度均为 0.5 mol/L),气相传质系数测定实验则采用不同浓度的 NaOH 溶液(NaOH 浓度为 0.04 mol/L、0.06 mol/L、0.08 mol/L),所有溶液总体积均为 1.2 L。随后,将配制好的溶液装入鼓泡反应器中,并利用恒温水浴装置加热到指定的反应温度(20 ℃、30 ℃、40 ℃、50 ℃、60 ℃)。利用入口质量流量控制器调节高纯 CO_2 气体(99.99%)流量(流量为 0.8 L/min、1.02 L/min、1.23 L/min),气体经过增湿器加湿后,调节气路控制球阀,使气体首先经过图 2.3 所示气路 B,并保证气路 A 关闭。最后,待气体流量稳定且鼓泡反应器内部溶液到达反应温度后,记录稳定流量数值,关闭气路 B,使气体流经气路 A 进入反应单元。鼓泡反应器出口气体经冷凝器后,流量通过末端流量检测器测量,每隔 5 s 记录流量读数,待流量稳定后,记录数值并停止实验。每组实验重复 3 次,并取平均值。

CO_2 吸收速率计算如下:

$$R_{CO_2} = \frac{p_G \cdot (Q_{in} - Q_{out})}{R \cdot T \cdot V_L} \times \frac{1}{1\,000 \times 60} \tag{2.3}$$

式中　p_G——反应器内气体压力，Pa；

　　　Q_{in}——入口 CO_2 流量，L/min；

　　　Q_{out}——出口 CO_2 流量，L/min；

　　　R——摩尔气体常数，8.314 J/(mol·K)；

　　　T——反应温度，K；

　　　V_L——吸收溶液体积，1.2 L。

2.3.3 液相黏度测定

本书采用数显旋转黏度测试仪自动检测过硫酸钠溶液以及过硫酸钠／尿素复合溶液黏度。首先，配制好指定浓度的待测溶液。过硫酸钠溶液浓度分别为 0.01 mol/L、0.05 mol/L、0.1 mol/L、0.2 mol/L；过硫酸钠／尿素复合溶液中过硫酸钠浓度分别为 0.01 mol/L、0.05 mol/L、0.1 mol/L、0.2 mol/L，尿素浓度分别为 0.1 mol/L、0.5 mol/L、1 mol/L、2 mol/L。将配制好的待测溶液放置在加热磁力搅拌器上充分混合并加热至指定温度（温度分别为 20 ℃、30 ℃、40 ℃、50 ℃、60 ℃、70 ℃）。在黏度测试仪上连接合适的高精度黏度转子，调整合适转速并进行溶液黏度检测，每组实验重复 3 次，记录结果并取均值。

2.3.4 液相离子表征

本书采用图 2.7 中所示液相离子色谱仪表征阴离子和阳离子浓度。采用图 2.7（a）中 Integrion 高压离子色谱仪检测液相阴离子浓度。仪器配有电导检测器、ASRS300 4 mm 抑制器、Dionex IonPac AS11 - HC 分离柱（250 mm × 4 mm）、Dionex IonPac AS11 - HC 保护柱（50 mm × 4 mm）、AS - AP 自动进样器以及 Chromeleon 7.0 色谱工作站。此外，KOH 流动相由 EGC500 在线产生。本实验中 AS11 - HC 分离柱和保护柱柱温均为 30 ℃，电导检测器温度为 35 ℃。硝酸根检测过程中淋洗液浓度为 0.025 mol/L，抑制电流为 52 mA，流速为 1.00 mL/min，进样量为 25 μL；亚硝酸根淋洗液浓度为 0.015 mol/L，抑制电流为 38 mA，流速为 1.00 mL/min，进样量为 25 μL。由于过硫酸钠／尿素复合溶液样品中尿素含量较高，所有检测样品稀释 100 倍后过膜进样，时刻关注仪器总电导值变化并进行调整，减小检测误差。

采用图 2.7（b）中 ICS2100 离子色谱仪检测液相阳离子浓度。仪器配有电导检测器、CSRS300 抑制器、Dionex IonPac CS12A 分离柱（250 mm × 4 mm）、Dionex IonPac CG12A 保护柱（50 mm × 4 mm）、AS - AP 自动进样器以及 Chromeleon 7.0 色谱工作站。此外，流动相由 EGC MSA 在线产生。本实验中 CS12A 分离柱和 CG12A 保护柱柱温均为 30 ℃，电导检测器温度为 35 ℃，KOH

(a) Integrion高压离子色谱仪　　　　　　　(b) ICS2100离子色谱仪

图 2.7　液相离子色谱仪

淋洗液浓度为 15 mol/L, 抑制电流为 44 mA, 流速为 1.00 mL/min, 进样量为 25 μL。所有实验样品稀释 100 倍后过膜进样。

第3章 船舶柴油机尾气污染物一体化处理技术研究

由第1章的介绍可知,气体氧化吸收法是最为直接有效的方式。同时,$Na_2S_2O_8$是一种具备诸多优势,能够基本满足船舶应用限制的氧化剂。虽然在未被激活时$Na_2S_2O_8$氧化特性并不突出,但是在适宜温度、过渡金属离子、紫外光、超声波等条件激活下,能够产生氧化性较强的硫酸根自由基与羟基自由基。因此,在适当的激活条件下,$Na_2S_2O_8$溶液将具备非常强的氧化性。考虑到船舶柴油机自身的运行特点以及后处理装置的能耗限制,以柴油机尾气剩余热量为主的温度激活体系可以充分利用尾气余热活化$Na_2S_2O_8$,是非常适用于船舶的方式。但是,目前有关温度激活条件下的$Na_2S_2O_8$单一氧化体系一体化吸收SO_2和NO的研究相对不足,对于气体吸收过程中的主要影响因素、气体浓度变化规律、氧化机理以及竞争机制认识相对不够明确。因此,本书首先选用温度激活体系下的$Na_2S_2O_8$溶液对难溶NO气体进行氧化吸收处理,明确$Na_2S_2O_8$溶液对于NO的氧化吸收性能。在此基础上,引入SO_2气体,开展$Na_2S_2O_8$单一氧化体系一体化吸收SO_2和NO的研究。研究反应温度、$Na_2S_2O_8$浓度、NO浓度、SO_2浓度等关键因素对污染物去除效率的影响以及不同条件下气体浓度的变化规律,并根据实验结果对影响机制进行详细分析。同时,根据气体吸收结果和液相成分表征结果对$Na_2S_2O_8$一体化吸收SO_2和NO的反应路径进行梳理,详细分析了一体化吸收过程的反应机理。

3.1 单一氧化体系单独吸收 NO 实验研究

3.1.1 反应温度对 NO 吸收过程的影响

由于本书研究选用温度激活体系,因此首先考察反应温度对吸收过程的影响。图3.1所示为不同温度($25 \sim 80$ ℃)条件下,利用0.1 mol/L的$Na_2S_2O_8$溶液吸收初始浓度为1×10^{-3}的NO时,NO浓度随时间的变化规律。从图3.1中可以看到,NO 的浓度曲线在开始时出现了大幅度的降低,随后又迅速回升。这种现象主要是由氮气与 NO 的置换过程引起的。在吸收实验开始之前,主路 A 和气体旁路 B 都利用高纯氮气进行清扫,整个实验装置充满了高纯氮气。因此,当 NO 气体流经反应器之后,其浓度会被残留高纯氮气迅速稀释,导致 NO 的反应浓度迅速下降。随着残留氮气的排放,NO 浓度逐渐向初始浓度靠近。因此,NO 浓度在迅速降低之后又开始回升。然而,NO 气体在流经含有反应器的主路 A 时,其浓度变化不是仅受到残留气体的影响,而是受到两个过程的共同作用:① 残留高纯氮气和 NO 的置换过程;②NO 的吸收过程。其中,吸收过程使 NO 浓度低于初始浓度,则 NO 浓度逐渐趋近于经反应器后的实际浓度,当置换过程和 NO 的吸收过程达到平衡后,NO 的浓度趋于稳定。

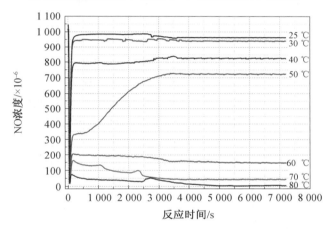

图 3.1　Na$_2$S$_2$O$_8$ 溶液吸收 NO 过程中不同温度条件下 NO 浓度随时间的变化规律(pH = 7)

从图 3.1 中的实验结果可以看出,反应温度对 Na$_2$S$_2$O$_8$ 溶液吸收 NO 过程有着明显的影响。随着反应温度的升高,反应后的 NO 浓度(即平衡浓度)逐渐降低。当反应温度升高时,反应(3.1)的反应速率提高,溶液中的硫酸根自由基浓度增大,从而增大了溶液中的羟基自由基浓度(反应(3.2))。总体来说,随着反应温度的升高,溶液中氧化性自由基总量增大,从而提高了 Na$_2$S$_2$O$_8$ 溶液的氧化能力,使 NO 氧化吸收过程得到强化,进而使 NO 平衡浓度通过反应(3.3) ~ (3.7)得到降低。

$$S_2O_8^{2-} \xrightarrow{\text{热}} 2SO_4^{\cdot-} \tag{3.1}$$

$$SO_4^{\cdot-} + H_2O \longrightarrow HSO_4^- + OH^{\cdot} \tag{3.2}$$

$$SO_4^{\cdot-} + NO + H_2O \longrightarrow HSO_4^- + NO_2^- + H^+ \tag{3.3}$$

$$OH \cdot + NO \longrightarrow H^+ + NO_2^- \tag{3.4}$$

$$SO_4^{\cdot -} + NO_2^- \longrightarrow SO_4^{2-} + NO_2 \tag{3.5}$$

$$OH \cdot + NO_2^- \longrightarrow OH^- + NO_2 \tag{3.6}$$

$$OH \cdot + NO_2 \longrightarrow H^+ + NO_3^- \tag{3.7}$$

如图 3.1 所示,当反应温度为 25 ℃ 和 30 ℃ 时,NO 平衡浓度分别为 9.638×10^{-4}(NO 初始浓度为 $1.037\ 5 \times 10^{-3}$)和 9.411×10^{-4}(NO 初始浓度为 $1.014\ 8 \times 10^{-3}$),与初始浓度相比降低幅度较小。这是由于在 25 ℃ 和 30 ℃ 条件下,$Na_2S_2O_8$ 溶液热激活程度较低,其溶液中的主要氧化性物质为过硫酸根,氧化能力和氧化活性较弱,NO 的氧化吸收过程主要通过反应(3.8)～(3.10)进行。反应(3.10)的存在,使 NO 气体再次释放,从而导致 NO 的最终平衡浓度较高。

$$S_2O_8^{2-} + NO + H_2O \longrightarrow 2HSO_4^- + NO_2 \tag{3.8}$$

$$2NO_2 + H_2O \longrightarrow HNO_2 + HNO_3 \tag{3.9}$$

$$3HNO_2 \longrightarrow 2NO + HNO_3 + H_2O \tag{3.10}$$

随着反应温度升高到 40 ℃ 和 50 ℃,NO 平衡浓度分别为 8.236×10^{-4}(NO 初始浓度为 $1.044\ 1 \times 10^{-3}$)和 7.223×10^{-4}(NO 初始浓度为 $1.019\ 1 \times 10^{-3}$),反应后的 NO 平衡浓度明显降低。当反应温度高于 30 ℃ 时,过硫酸钠通过反应(3.1)被温度激活,导致溶液中的硫酸根自由基浓度增加,从而提高了反应(3.2)的反应速率。随着反应温度的升高和自由基浓度的增加,反应(3.3)和(3.4)的反应速率得到提升,NO 吸收过程得到强化,这就导致了 NO 的平衡浓度有所降低。尽管随着反应温度的升高反应(3.3)和(3.4)的反应速率得到提升,但是在反应温度为 40 ℃ 和 50 ℃ 时,过硫酸钠的激活程度较小,导致反应后的 NO 平衡浓度提升幅度并不大。同时,随着反应温度的升高,反应(3.5)～(3.7)的反应速率也同样提高,在有限的激活条件下,这就限制了反应(3.3)和(3.4)的发生。此外,由于过硫酸钠的激活程度较低,反应(3.8)～(3.10)依然会发生。因此,尽管当温度达到 40 ℃ 和 50 ℃ 时,NO 的平衡浓度明显降低,但是降低的幅度并不是很大。特别是,从图 3.1 中可以看出,当反应温度为 50 ℃ 时,NO 气体达到平衡浓度用了较长的时间。这是由于,同一反应在不同温度下反应速率常数不同,当反应物浓度恒定时,相同反应在不同的反应温度下则具有不同的反应速率。例如,当反应温度为 25 ℃ 时,反应(3.1)的反应速率常数为 $1.0 \times 10^{-7}\ s^{-1}$,而当反应温度为 70 ℃ 时,其反应速率常数却为 $5.7 \times 10^{-5}\ s^{-1}$。当反应温度为 50 ℃ 时,各个反应的反应速率的差异性较小,强化了各个反应之间的相互影响,导致 NO 浓度达到平衡的时间延长。

反应温度升高到 60 ℃ 时,反应(3.1)和(3.2)的反应速率迅速升高并且升高的幅度较大,从而促进了反应(3.3) ~ (3.7)的发生,同时降低了反应(3.8) ~ (3.10)的反应速率。因此,当反应温度达到 60 ℃时,NO 平衡浓度大幅度降低至 1.484×10^{-4}(NO 初始浓度为 $1.013\ 5 \times 10^{-3}$)。然而,由于恒定的 $Na_2S_2O_8$ 浓度,温度激活幅度也是有限的。虽然 NO 平衡浓度随着温度继续升高到 70 ℃和 80 ℃时持续下降,NO 浓度分别为 4.41×10^{-5}(NO 初始浓度为 $1.008\ 3 \times 10^{-3}$)和 4.6×10^{-6}(NO 初始浓度为 $1.014\ 5 \times 10^{-3}$),但是下降的幅度越来越小。实验结果表明,反应温度(25 ~ 80 ℃)对 NO 吸收过程有很重要的影响。

3.1.2　$Na_2S_2O_8$ 浓度对 NO 吸收过程的影响

通过反应温度对 NO 吸收过程影响的研究发现,在实验温度范围内(25 ~ 80 ℃),反应温度为 80 ℃时,$Na_2S_2O_8$ 溶液激活程度较强,致使溶液具有较强的氧化性能,NO 能够得到较好的吸收。因此,选择反应温度 80 ℃,考察不同浓度 $Na_2S_2O_8$ 溶液对 NO 吸收过程的影响。图 3.2 所示为恒定反应温度下(80 ℃)不同浓度 $Na_2S_2O_8$ 溶液吸收 1×10^{-3} NO 过程中 NO 浓度随时间的变化规律。

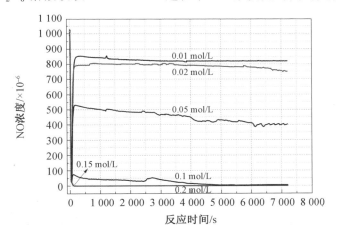

图 3.2　不同浓度 $Na_2S_2O_8$ 溶液中 NO 浓度随时间的变化规
律(pH = 7)

从图 3.2 中可以看出,NO 平衡浓度随着 $Na_2S_2O_8$ 浓度的升高逐渐降低。反应(3.1)对应的阿伦尼乌斯公式和反应速率方程分别为

$$k_1 = A \cdot e^{-E_{a1}/RT} \tag{3.11}$$

$$r_1 = k_1 \cdot [S_2O_8^{2-}] \tag{3.12}$$

式中　　k_1——温度 T 下的反应速率常数,s^{-1};

R——摩尔气体常数,8.314 J/(mol·K);

A——指前因子,dm³/(mol·s);

E_{a1}——表观活化能,kJ/mol;

r_1——反应速率,mol/(L·s);

$[S_2O_8^{2-}]$——$Na_2S_2O_8$浓度,mol/L。

在相同的反应温度下,同一反应的表观活化能是恒定的。由式(3.11)可知,在80 ℃时反应(3.1)的反应速率常数k_1是恒定的。因此,根据式(3.12)可知,反应(3.1)的反应速率r_1随着$Na_2S_2O_8$浓度的增加而提升。同理,当反应温度恒定时,反应(3.2)~(3.4)的反应速率也会随着$Na_2S_2O_8$浓度的增加而提升,这就强化了对NO的氧化过程,从而降低了NO的平衡浓度。虽然反应(3.8)~(3.10)的反应速率也会随着$Na_2S_2O_8$浓度的增加而提升,但是较高的反应温度使$Na_2S_2O_8$通过反应(3.1)被充分激活,即随着$Na_2S_2O_8$浓度的增加,溶液中的氧化性活性自由基浓度提高,但是过硫酸根的浓度并没有随着$Na_2S_2O_8$浓度的增加得到显著提升,从而反应(3.8)~(3.10)并没有得到明显的增强。因此,随着$Na_2S_2O_8$浓度的增加,NO平衡浓度逐渐下降。

从图3.2中可以看出,当$Na_2S_2O_8$浓度从0.01 mol/L增大到0.02 mol/L时,NO平衡浓度出现小幅度的降低。但是当$Na_2S_2O_8$浓度达到0.05 mol/L时,NO平衡浓度的下降幅度明显增大,$Na_2S_2O_8$浓度升高到0.1 mol/L时,NO平衡浓度大幅度降低。这是因为当$Na_2S_2O_8$浓度低于0.05 mol/L时,由于$Na_2S_2O_8$的加入量有限,即使在很好的温度激活条件下,溶液中的氧化性活性自由基含量也是有限的,溶液中NO分子和活性氧化性自由基之间的相互作用比较微弱,即二者的有效碰撞次数有限。当$Na_2S_2O_8$浓度增大到0.05 mol/L时,NO分子与氧化性活性自由基之间的相互作用增强,NO的氧化过程得到强化以至于其平衡浓度显著降低。随着$Na_2S_2O_8$浓度的继续增大,这种相互作用变得越来越强。因此,一旦$Na_2S_2O_8$浓度达到0.1 mol/L时,NO平衡浓度大幅度降低。由于当$Na_2S_2O_8$浓度达到0.1 mol/L时,NO平衡浓度已经降低到了5.4×10^{-6}(NO初始浓度为$1.014\,5 \times 10^{-3}$),NO平衡浓度随着$Na_2S_2O_8$浓度的继续增加只有轻微下降。当$Na_2S_2O_8$浓度增大至0.15 mol/L和0.2 mol/L时,初始浓度分别为$1.016\,8 \times 10^{-3}$和$1.009\,8 \times 10^{-3}$的NO气体的最终平衡浓度均为0。从图3.2的实验结果可以看出,$Na_2S_2O_8$浓度的变化改变了溶液中有效氧化物质的浓度,从而对NO吸收过程也有明显的影响。

3.1.3　反应温度和$Na_2S_2O_8$浓度对NO去除效率的综合影响

根据前两节的研究发现,反应温度和$Na_2S_2O_8$浓度对NO的吸收过程有着显著的影响。因此,系统地开展了在不同反应温度(25 ～ 80 ℃)和不同 $Na_2S_2O_8$ 浓度(0.01 ～ 0.2 mol/L)条件下的 NO 吸收实验研究,旨在考察二者对 NO 去除效率的影响。图 3.3 所示为利用 $Na_2S_2O_8$ 溶液在不同反应温度(25 ～ 80 ℃)和不同 $Na_2S_2O_8$ 浓度(0.01 ～ 0.2 mol/L)条件下吸收 1×10^{-3} NO 时,NO 去除效率的变化规律(pH = 7)。从图 3.3 中可以看出,在整个实验温度范围内,同一温度条件下,NO 去除效率都随着 $Na_2S_2O_8$ 浓度的增加而增大,且同一 $Na_2S_2O_8$ 浓度条件下,NO 去除效率也会随着反应温度的升高而增大,但是不同反应温度和不同 $Na_2S_2O_8$ 浓度条件下的 NO 去除效率变化幅度不同。

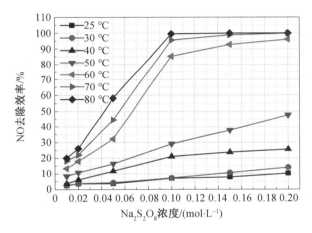

图 3.3　不同反应温度和 $Na_2S_2O_8$ 浓度对于 NO 去除效率的
　　　　影响(pH = 7)

当反应温度为 25 ℃ 和 30 ℃ 时,溶液中的主要氧化性物质是过硫酸根,导致溶液的氧化性能并不高。因此,在整个实验 $Na_2S_2O_8$ 浓度范围内,NO 的去除效率虽然随着 $Na_2S_2O_8$ 浓度的增加而提高,但是相对较低。反应温度为 25 ℃ 时,NO 去除效率为 2.5% ～ 10.4%;反应温度为 30 ℃ 时,NO 去除效率为 2.6% ～ 14.2%。当反应温度升高到 40 ℃,$Na_2S_2O_8$ 通过反应(3.1)被初步激活产生活性自由基,从而提高了溶液的氧化能力,因此在任意浓度条件下的 NO 脱除效率与 25 ℃ 和 30 ℃ 条件下相比都有所提高。反应温度为 40 ℃ 时,NO 去除效率为 3.6% ～ 25.7%。当反应温度继续升高到 50 ℃ 时,$Na_2S_2O_8$ 激活程度进一步增强,溶液氧化能力进一步得到提高,NO 去除效率则为 8.4% ～ 47.7%。虽然在此温度条件下 NO 去除效率有了明显提大,但是受到激活程度有限的限制,NO 去除效率提升幅度并不是很大。一旦反应温度升高到 60 ℃,在实验的 $Na_2S_2O_8$ 浓度范围内,NO 去除效率则大幅度提高。其原因是在此反应温度条件下，$Na_2S_2O_8$ 的激活程度明显增强，相关吸收反应的速率也同时提升，溶液对于 NO 的吸收能力得到大幅度的增强，从而导致 NO 去除效率提高至 13.5 ~ 96.1%。当反应温度继续升高到 70 ℃ 和 80 ℃ 时，溶液氧化能力持续增强，最高 NO 处理效率分别为 18.3% ~ 99.9% 和 20.1% ~ 100%。从图 3.3 的结果还可以看出，同一 $Na_2S_2O_8$ 浓度条件下，随着反应温度的提高，NO 去除效率的增加也不相同。当 $Na_2S_2O_8$ 浓度低于 0.05 mol/L 时，在实验考察温度范围内，随着温度的增加 NO 的去除效率增加，但是有限的 $Na_2S_2O_8$ 浓度导致其提升量较小。当 $Na_2S_2O_8$ 浓度达到 0.05 mol/L 时，溶液中的初始氧化物质浓度增加，在不同温度激活条件下溶液的氧化特性区分也逐渐明显，NO 去除效率随反应温度升高的提升量也逐渐增大，尤其当温度达到 60 ℃ 时，NO 去除效率的增加更加明显。当 $Na_2S_2O_8$ 浓度继续增加到 0.1 mol/L 时，较为充分的 $Na_2S_2O_8$ 浓度使其在合适的激活温度下能够体现充分的氧化吸收能力，例如，当温度为 50 ℃ 时，NO 去除效率为 29.1%，当温度升高到 60 ℃ 时，NO 处理效率则大幅度提高到 85.4%，而当温度升高到 80 ℃ 时，NO 去除效率则达到了 99.5%。随着 $Na_2S_2O_8$ 浓度的继续增加，这种变化更加明显，但是由于 70 ℃ 和 80 ℃ 已经达到了接近 100% 的去除效率，所以变化并不是很明显。

当反应温度为 60 ℃，$Na_2S_2O_8$ 浓度低于 0.1 mol/L 时，随着 $Na_2S_2O_8$ 浓度的增加，NO 去除效率略有提高。然而，当 $Na_2S_2O_8$ 浓度增加到 0.1 mol/L 时，NO 去除效率大大提高，在反应温度为 70 ℃ 和 80 ℃ 条件下，也出现了同样的变化规律。出现这种结果，有两个方面的原因：一方面，氧化性物质浓度随着 $Na_2S_2O_8$ 浓度的增加而增加，导致 NO 气体分子与氧化性物质作用增强，强化了 NO 的吸收过程，因此在相同温度下，NO 去除效率随着 $Na_2S_2O_8$ 浓度的增加而提高；另一方面，溶液中的气泡尺寸主要由表面张力、黏性力和惯性力决定，黏性力越大则气泡尺寸越小，惯性力越大则气泡尺寸越大。在相同的温度下，强电解质浓度的增加可以提高溶液的黏度，这种特性打破了作用在上升气泡上的表面张力、黏性力和惯性力三者之间的平衡，而黏性力的增强则增加了溶液中小尺寸气泡的数量。因此，当 $Na_2S_2O_8$ 浓度较小时，鼓泡反应器内部的气泡尺寸主要由惯性力控制，这就导致了反应中大尺寸气泡数量增多。气泡的尺寸越大，上升的速度越大，气体与溶液的相互作用就越弱。相关研究表明，当溶液浓度处于低浓度区间时，溶液黏度随着电解质浓度的增加而增加，而当溶液浓度处于中等浓度区间时，溶液黏度则随着电解质浓度的增加而迅速提高。本书实验中 NO 去除效率在 $Na_2S_2O_8$ 浓度为 0.1 mol/L 时的迅速增加便可以根据这一成果进行解释。$Na_2S_2O_8$ 浓度增加至 0.1 mol/L 时，溶液中离子浓度的增加迅速提高了溶液的黏度。此时反应器内部的上升气泡尺寸主要是由黏性力控制，这就导致了溶液中小尺寸气泡数量的增加。小尺寸气泡强化了气体分子与溶液之间的相互作用,从而当$Na_2S_2O_8$浓度达到0.1 mol/L时NO的去除效率大大提高。图3.4所示为实验过程中不同浓度$Na_2S_2O_8$溶液中气泡尺寸的变化。从图3.4中可以看出,当$Na_2S_2O_8$浓度为0.01 mol/L时,溶液中的气泡尺寸较大,气泡数量较少;当$Na_2S_2O_8$浓度增加到0.05 mol/L时,气泡尺寸明显减小,气泡数量明显增加;当$Na_2S_2O_8$浓度增加到0.1 mol/L时,气泡尺寸大幅度减小,气泡数量大幅度增加,几乎无法用肉眼识别。这种实验现象也为之前的分析提供了充分的支持。

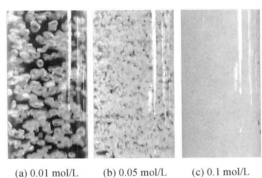

(a) 0.01 mol/L　　　(b) 0.05 mol/L　　　(c) 0.1 mol/L

图 3.4　不同浓度 $Na_2S_2O_8$ 溶液中气泡尺寸的变化

3.1.4　NO 初始浓度对 NO 吸收过程的影响

通过 3.1.3 节研究可知,反应温度和 $Na_2S_2O_8$ 浓度对 NO 去除效率有显著的影响。由于船舶柴油机在不同运行工况下 NO 排放浓度会有所变化,因此需要对于不同 NO 浓度下的 $Na_2S_2O_8$ 溶液处理性能进行考察。为了更好地明确不同 NO 浓度对 NO 去除效率的影响,选择在反应温度 60 ℃ 条件下,利用 0.1 mol/L 的 $Na_2S_2O_8$ 溶液进行不同初始浓度(6×10^{-4} ~ 1×10^{-3})的 NO 吸收实验,实验结果如图3.5所示。从图3.5中可以看出,NO 去除效率随着 NO 浓度的增加逐渐降低。这是由于随着 NO 浓度的增加,NO 气体分压逐渐增大,从而气-液传质过程得到增强,这增加了单位时间内通过反应器的气体分子数量(这在第4章的研究中也得到印证)。然而,$Na_2S_2O_8$ 浓度是恒定的,在相同的反应温度条件下,有效的氧化物质浓度也是有限的。当气体分子数量增加时,有效氧化性物质和气体分子之间的摩尔比率减少。因此,NO 去除效率随着 NO 气体浓度的增加逐渐降低。从图3.5中可以看出,虽然 NO 去除效率会随着 NO 浓度的增加有所降低,但是其降低幅度并不是很大。利用该种方法能够保证柴油机在不同工况下的 NO 去除效率。

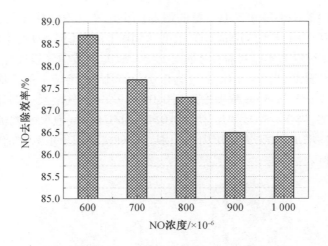

图 3.5　不同 NO 初始浓度对 NO 吸收过程的影响(pH = 7)

3.1.5　初始 pH 值对 NO 吸收过程的影响

图 3.6 所示为 $Na_2S_2O_8$ 溶液初始 pH 值(4.5 ~ 12)对 NO 去除效率的影响(温度为 60 ℃,$Na_2S_2O_8$ 浓度为 0.1 mol/L,NO 初始浓度为 1×10^{-3})。NO 去除效率的变化规律都以 pH 值为 7 时的对应值为参考标准进行比较。从图 3.6 中可以看出,当溶液初始 pH 值在 4.5 ~ 7 范围内变化时,NO 去除效率先下降后升高。产生这种现象的原因为, 在酸性条件下,$Na_2S_2O_8$ 溶液中发生反应(3.13) ~ (3.15),并且酸性越强,反应(3.13) 和(3.14) 的反应速率越高。当溶液初始 pH 值为 4.5 时,反应(3.13) 和(3.14) 为主要发生的反应,NO 的去除过程则因为反应(3.16) ~ (3.18) 的发生而得到增强。因此,当溶液初始 pH 值为 4.5 时,NO 去除效率得到了显著提高。

当溶液初始 pH 值升高到 5.5 时,溶液酸性的弱化使反应(3.13) 和(3.14) 的反应速率降低, 而反应(3.15) 的作用逐渐增强,从而削弱了由反应(3.16) ~ (3.18) 主导的 NO 强化吸收过程。因此,NO 去除效率虽然仍比 pH 值为 7 时的去除效率高,但是上升幅度不大并且明显低于 pH 值为 4.5 条件下的 NO 去除效率。当溶液 pH 值升高到 6.5 时,弱酸性环境下过硫酸根离子通过反应(3.15) 分解,且在此条件下反应(3.15) 占据优势,从而增加了 $Na_2S_2O_8$ 的额外消耗,降低了定浓度 $Na_2S_2O_8$ 溶液的氧化能力。因此,当溶液初始 pH 值为 6.5 时,NO 去除效率持续降低并且低于 pH 值为 7 时的对应值。

$$S_2O_8^{2-} + H^+ \longrightarrow HS_2O_8^- \longrightarrow SO_4 + HSO_4^- \tag{3.13}$$

$$SO_4 + H_2O \longrightarrow H_2SO_5 \tag{3.14}$$

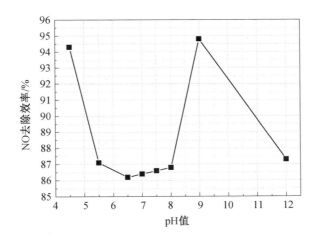

图 3.6　$Na_2S_2O_8$ 溶液初始 pH 值对 NO 去除效率的影响

$$S_2O_8^{2-} + H_2O \xrightarrow{H^+} 2H^+ + 2SO_4^{2-} + 1/2O_2 \qquad (3.15)$$

$$2NO + HSO_5^- + H_2O \longrightarrow 2NO_2^- + SO_4^{2-} + 3H^+ \qquad (3.16)$$

$$H_2SO_5 + H_2O \longrightarrow H_2O_2 + H_2SO_4 \qquad (3.17)$$

$$2NO_2 + 3H_2O_2 \longrightarrow 2HNO_3 + 2H_2O \qquad (3.18)$$

当溶液的pH值升高到7～9范围内时,碱性条件下反应(3.19)发生,并且反应(3.19)的反应速率要高于反应(3.2)的反应速率。因此,在此碱性条件下,较为快速的羟基自由生成速率能够强化 NO 的氧化吸收过程。虽然反应(3.19)的存在有利于 NO 的吸收,但是在碱性环境下也同样会通过反应(3.20)生成惰性氧自由基,其氧化活性远远弱于羟基自由基,大大降低了与同种物质反应时的反应速率,从而弱化了 NO 的氧化吸收过程。根据图 3.6 所示的碱性条件下的实验结果可知,不同碱性条件下反应(3.19)和(3.20)对NO吸收过程不同程度的影响使NO去除效率有着明显的变化。当溶液 pH 值处于7～9范围内时,随着 pH 值的逐渐升高,反应(3.19)和(3.20)的反应速率都会有所提高,但是反应(3.19)的速率升高幅度较大,是主要的影响因素。因此,NO 去除效率随着pH值从7.5升高到8而略有提高,且一旦 pH 值升高到9,随着反应(3.19)的反应速率大幅提高,NO 去除效率也由于羟基自由基浓度的迅速增加而显著提高。然而,当溶液 pH 值增加到 12 时,反应(3.20)的反应速率增幅较大,明显占据优势,成为主要的影响因素,这就弱化了 NO 的吸收过程。因此,当溶液 pH 值增加到 12 时,NO 去除效率降低。但是,反应(3.19)的存在使得此条件下的 NO 去除效率仍然要高于 pH 值为7～8时的对应值。本书研究的实验结果表明,在溶液初始 pH 值为9时,得到了最高的 NO 去除效率。

$$SO_4^{\cdot-} + OH^- \longrightarrow OH^{\cdot} + SO_4^{2-} \tag{3.19}$$

$$OH^{\cdot} + OH^- \longrightarrow O^{\cdot-} + H_2O \tag{3.20}$$

另外,需要考虑用于调节溶液 pH 值的磷酸盐缓冲溶液对 NO 去除效率的影响。根据之前学者的研究,磷酸盐离子与硫酸根自由基和羟基自由基的反应速率相对较低,这对 NO 去除效率的影响相对较小。因此,磷酸盐缓冲溶液对 NO 去除效率的极小影响可以忽略不计。总体来说,当 $Na_2S_2O_8$ 溶液初始 pH 值为 9 时能够得到最优的 NO 去除效率。

3.2 单一氧化体系一体化吸收 SO_2 和 NO 实验研究

通过 3.1 节的研究可以发现,采用 $Na_2S_2O_8$ 溶液能够实现难溶 NO 气体的有效吸收。但是,利用 $Na_2S_2O_8$ 溶液是否能够实现 SO_2 和 NO 的一体化高效吸收需要进一步研究。易溶 SO_2 存在条件下,NO 吸收效果会受到何种影响也需要系统研究。

3.2.1 反应温度对 SO_2 和 NO 一体化吸收过程的影响

通过 3.1 节对 $Na_2S_2O_8$ 溶液单独吸收 NO 的研究中可以看出,反应温度和 $Na_2S_2O_8$ 浓度对吸收过程有着显著的影响。因此,首先要考察反应温度对一体化吸收过程的影响。图 3.7 所示为 0.1 mol/L 的 $Na_2S_2O_8$ 溶液一体化吸收 1×10^{-3} SO_2 和 1×10^{-3} NO 过程中两种气体浓度在不同温度条件下(25 ~ 80 ℃)随反应时间的变化规律。

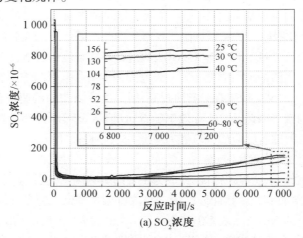

(a) SO_2 浓度

图 3.7　一体化吸收过程不同反应温度下 SO_2 和 NO 浓度
随时间的变化规律(pH = 7)

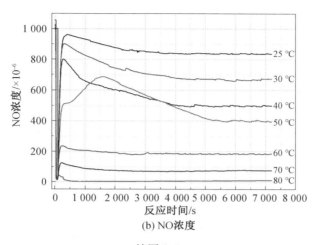

(b) NO 浓度

续图 3.7

　　如图 3.7 所示,SO_2 和 NO 的浓度也会出现初期迅速降低随后升高的趋势,而这种变化规律的产生是高纯氮气替换过程和反应吸收过程耦合作用的结果,在此不做进一步的解释。从图 3.7 中可以看出,反应温度对一体化吸收过程中 SO_2 和 NO 的平衡浓度都有明显的影响。二者的平衡浓度都随着反应温度的升高而降低。这是由于反应温度的升高提高了反应(3.1)的反应速率,增加了硫酸根自由基的浓度,从而通过反应(3.2)使羟基自由基浓度升高,进而提高了 $Na_2S_2O_8$ 溶液的氧化能力。因此,随着溶液氧化能力的提升,SO_2 平衡浓度通过反应(3.21)~(3.27)得到降低,而 NO 的平衡浓度则主要通过反应(3.3)~(3.7)得到降低。

$$SO_2 + H_2O \Longleftrightarrow HSO_3^- + H^+ \tag{3.21}$$

$$HSO_3^- \Longleftrightarrow H^+ + SO_3^{2-} \tag{3.22}$$

$$SO_4^{\cdot -} + HSO_3^- \longrightarrow H^+ + SO_4^{2-} + SO_3^{\cdot -} \tag{3.23}$$

$$SO_4^{\cdot -} + SO_3^{2-} \longrightarrow SO_4^{2-} + SO_3^{\cdot -} \tag{3.24}$$

$$OH^{\cdot} + HSO_3^- \longrightarrow H_2O + SO_3^{\cdot -} \tag{3.25}$$

$$OH^{\cdot} + SO_3^{2-} \longrightarrow SO_3^{\cdot -} + OH^- \tag{3.26}$$

$$SO_3^{\cdot -} + OH^{\cdot} \longrightarrow SO_4^{2-} + H^+ \tag{3.27}$$

　　从图 3.7(a) 可以看出,SO_2 浓度并没有如图 3.7(b) 所示的 NO 浓度变化一样,在初始降低之后迅速上升。当反应温度低于 60 ℃ 时,随着时间推移,SO_2 浓度首先呈现平稳状态,随后浓度有所回升,最终达到一种稳定的状态。这种现象产生的原因为,当反应温度为 25 ℃ 和 30 ℃ 时,$Na_2S_2O_8$ 溶液的氧化性能较为微弱,过硫酸钠并没有被激活,溶液中的主要氧化性物质是过硫酸根离子。SO_2 主要通过反应(3.21)、(3.22)、(3.28)和(3.29)被溶液吸收。由于反应温度较低,反应(3.28)和(3.29)的反应速率相对较慢,经反应(3.21)和(3.22)溶于溶液中的 SO_2 并不能够被迅速氧化。因此,已经溶解的 SO_2 会通过反应(3.21)和(3.22)的逆向过程从溶液中再次释放出来。也就是说当反应温度较低时,在 $Na_2S_2O_8$ 溶液一体化吸收过程中,SO_2 的去除受到两种过程的共同作用,即氧化吸收过程和反向析出过程。当两种过程达到平衡时,SO_2 的浓度才能够达到稳定。当反应温度为 25 ℃ 时,SO_2 的平衡浓度为 $1.542\,4 \times 10^{-4}$(初始 SO_2 浓度为 $1.015\,62 \times 10^{-3}$),当反应温度为 30 ℃ 时,SO_2 的平衡浓度为 $1.429\,2 \times 10^{-4}$(初始 SO_2 浓度为 $1.035\,01 \times 10^{-3}$)。由此可以看出,在此种温度区间下,水溶性较好的 SO_2 并没有很好地被 $Na_2S_2O_8$ 溶液吸收。同时,在此温度区间内,NO 的吸收过程主要是通过反应(3.8)~(3.10)实现,由于溶液氧化活性的不足,并且有反应(3.10)的存在,在此温度条件下 NO 的平衡浓度较高。当反应为 25 ℃ 和 30 ℃ 时,NO 的平衡浓度分别为 $8.358\,9 \times 10^{-4}$(NO 初始浓度为 $1.021\,65 \times 10^{-3}$)和 $6.720\,2 \times 10^{-4}$(NO 初始浓度为 $1.009\,25 \times 10^{-3}$)。与此种温度条件下一体化吸收过程中的 SO_2 平衡浓度变化相比,NO 的平衡浓度有着较为明显的变化。此外,与图3.1所示 $Na_2S_2O_8$ 溶液单独吸收 NO 过程中的平衡浓度变化也较为不同。从图3.7(b)中可以明显地看出,NO 平衡浓度变化幅度较大。这是由于反应(3.30)的存在。在一体化吸收过程中,尽管 SO_2 吸收过程增加了氧化性物质的消耗并且伴随 NO 的再生过程,但是较弱的溶液氧化性能延长了亚硫酸盐的存在时间,并通过反应(3.30)促进了 NO 的吸收。

$$SO_3^{2-} + S_2O_8^{2-} + H_2O \longrightarrow 3SO_4^{2-} + 2H^+ \tag{3.28}$$

$$HSO_3^- + S_2O_8^{2-} + H_2O \longrightarrow 3SO_4^{2-} + 3H^+ \tag{3.29}$$

$$2NO + 2SO_3^{2-} \longrightarrow N_2 + 2SO_4^{2-} \tag{3.30}$$

从图3.7中可以看出,当反应温度达到 40 ℃ 和 50 ℃ 时,SO_2 和 NO 的平衡浓度同时降低。这是由于当反应温度高于 30 ℃ 时,$Na_2S_2O_8$ 通过反应(3.1)被激活,从而提高了反应(3.2)的反应速率。因此,溶液的氧化性能随着反应温度的升高而增强。当反应温度为 40 ℃ 时,SO_2 的氧化过程通过反应(3.23)~(3.27)得到强化。此外,反应(3.30)的反应速率也有所增强,同样促进了 SO_2 的吸收。但是,溶液氧化性能的提升幅度和反应(3.30)反应速率的增强幅度都不是很大,并且随着反应温度的升高,SO_2 的解析过程同样得到增强。从图3.7(a)中可以看出,SO_2 的平衡浓度降低到 $1.186\,6 \times 10^{-4}$(初始 SO_2 浓度为 $9.976\,2 \times 10^{-4}$),其降低的幅度并不大。随着反应温度的升高,反应(3.1)和(3.2)的反应速率的提高不可避免地提高了反应(3.3)和(3.4)的反应速率,从而强化了 NO 的吸收过程。此外,由于反应(3.30)的一体化作用,如图 3.7(b) 所示,NO 的平衡浓度降低至 $4.983\,4 \times 10^{-4}$(NO 初始浓度为 $1.006\,24 \times 10^{-3}$)。当反应温度升高到 50 ℃ 时,溶液氧化性能的显著提升以及反应(3.30)的反应速率进一步提高,整体促进了 SO_2 的吸收,尽管 SO_2 的析出过程同样得到进一步的强化。但是,促进 SO_2 吸收的因素明显起到更为明显的作用。在此反应温度条件下,SO_2 的平衡浓度随着反应温度的升高大幅度地降低到 3.858×10^{-5}(初始 SO_2 浓度为 $1.008\,49 \times 10^{-3}$)。在反应温度为 50 ℃ 的条件下,由于 SO_2 吸收过程对于有限氧化性物质的消耗,通过反应(3.3)和(3.4)进行的 NO 氧化过程被削弱。此外,由于此温度条件下不足以对 $Na_2S_2O_8$ 进行充分活化,反应(3.8)~(3.10)依然存在。虽然反应(3.30)的反应速率提高可以进一步促进 NO 的吸收,但是由于多种因素的共同作用,在 50 ℃ 条件下 NO 平衡浓度只是小幅降低至 3.98×10^{-4}(NO 初始浓度为 $1.004\,98 \times 10^{-3}$)。在反应温度为 40 ℃ 和 50 ℃ 时,NO 平衡浓度依然很高。

从图 3.7(a) 中可以看出,一旦反应温度达到 60 ℃,SO_2 的解析过程便消失,并且 SO_2 的平衡浓度直接降到 0。如图 3.7(b) 所示,NO 平衡浓度进一步降低。造成这种现象的原因如下:当反应温度为 60 ℃ 时,反应(3.1)和(3.2)的反应速率得到很大提升,因此,反应(3.3)~(3.7)、(3.23)~(3.27)的反应速率显著提升,并且在整个一体化吸收过程中起到主要的作用。此外,$Na_2S_2O_8$ 激活过程的强化显著降低了反应(3.8)~(3.10)的反应速率,并且充足的氧化性物质浓度能够确保 SO_2 和 NO 的一体化吸收。因此,SO_2 解析过程被极大程度地弱化,以至于不会对 SO_2 吸收产生影响,使 SO_2 被全部吸收,且 NO 平衡浓度也由于溶液氧化性能的增强大幅度降低至 $1.857\,1 \times 10^{-4}$(NO 初始浓度为 $1.025\,95 \times 10^{-3}$)。然而,由于 $Na_2S_2O_8$ 的浓度保持恒定,热激活程度有限。因此,NO 平衡浓度虽然会随着反应温度升高到 70 ℃ 和 80 ℃ 持续降低,但是降低幅度则越来越小。由于此条件下溶液的氧化性能较强,SO_2 的平衡浓度始终保持在 0。从图 3.7 中可以看出,在反应温度达到 80 ℃ 时,$Na_2S_2O_8$ 溶液几乎完全吸收了 SO_2 和 NO。

通过图 3.7(b) 和图 3.1 的 NO 浓度变化可以发现,在不同反应温度条件下,一体化吸收过程的 NO 平衡浓度相比于单独吸收 NO 时的平衡浓度有所不同,SO_2 对于 NO 的吸收在不同温度条件下的影响规律存在差异。由于初始浓度的波动性,当 NO 稳定浓度较低时无法很直观、全面地对比出在 SO_2 存在条件下温度对 NO 吸收过程的影响,但可以通过对应 NO 去除效率(图 3.8)进行分析(实验条件:温度为 25~80 ℃,$Na_2S_2O_8$ 浓度为 0.1 mol/L,SO_2 和 NO 浓度为 1×10^{-3},pH = 7)。

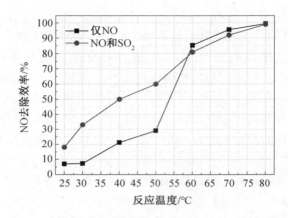

图 3.8 不同反应温度下 $Na_2S_2O_8$ 溶液一体化吸
收过程与单独吸收 NO 过程 NO 去除效
率对比

从图 3.8 中可以看出,当反应温度低于 60 ℃ 时,单独吸收过程的 NO 去除
效率要明显低于一体化吸收过程对应的去除效率,即在此反应温度区间条件
下,SO_2 的存在能够有效促进 NO 的吸收。这是由于当反应温度低于 60 ℃ 时,
$Na_2S_2O_8$ 溶液并没有被充分激活,溶液的氧化性能不强,SO_2 的存在可以通过反
应(3.30)促进 NO 的吸收。虽然 SO_2 的吸收过程会消耗有限的氧化性物质,但
是 SO_2 的析出作用对于 SO_2 并不强的氧化过程进行了干扰,导致较低的溶液氧
化特性使反应(3.30)即使在反应温度为 40 ℃ 和 50 ℃ 条件下也仍然对 NO 的
吸收起到了显著的促进作用。从图 3.8 中可以看出,当温度达到 50 ℃ 时,这种
促进作用也在开始减弱。当反应温度达到 60 ℃ 时,$Na_2S_2O_8$ 溶液被较好地活
化,溶液的氧化特性明显增强。但是从图 3.8 所示的实验结果来看,单独吸收
过程的 NO 去除效率反而要高于一体化吸收对应的 NO 去除效率。这是因为当
$Na_2S_2O_8$ 溶液被较好地激活后,溶液中的氧化性物质主体从过硫酸根转化成硫
酸根自由基和羟基自由基,这些反应活性较高的氧化性物质提供了足够的氧化
能力从而强化了 NO 和 SO_2 的一体化氧化过程。SO_2 氧化过程的强化导致反应
(3.30)的反应速率大幅下降,并且 SO_2 氧化过程对氧化剂的消耗也明显增强,
一定程度上削弱了 NO 的氧化吸收过程。因此,当反应温度达到 60 ℃ 时,SO_2
的存在反而不利于 NO 的吸收。随着反应温度的升高,$Na_2S_2O_8$ 激活程度不断
提高,溶液中氧化性活性自由基团的比例逐渐提高,溶液氧化特性不断增强,较
为充足的氧化性物质浓度又使得两种过程的 NO 去除效率逐渐逼近。当反应
温度达到 80 ℃ 时,SO_2 对于氧化性物质的竞争消耗作用已经很微弱,但是依然
存在。

3.2.2　氧化剂浓度对 SO_2 和 NO 一体化吸收过程的影响

由于在反应温度为 60 ℃ 的条件下 SO_2 和 NO 的浓度都有显著的变化,并且在保证相对较好的去除效率的同时还预留较大的变化幅度,因此在此温度条件下对 $Na_2S_2O_8$ 浓度对 SO_2 和 NO 一体化吸收过程的影响开展研究。图 3.9(a) 和图 3.9(b) 分别给出了反应温度为 60 ℃, 不同浓度(0.01 ～ 0.2 mol/L) $Na_2S_2O_8$ 溶液一体化吸收 1×10^{-3} 的 SO_2 和 1×10^{-3} 的 NO 时,反应后 SO_2 和 NO 浓度随时间的变化规律。从图 3.9 中可以看出,SO_2 和 NO 的稳定浓度随着 $Na_2S_2O_8$ 浓度的升高而降低。产生这种现象的原因如下:对于同一化学反应而言,在恒定的反应温度条件下其对应的反应速率常数是稳定的。当反应物的浓度增加时,必然导致反应速率的增加,即气体分子和氧化性物质之间的有效碰撞得到增强。因此,当反应温度为 60 ℃ 时,$Na_2S_2O_8$ 浓度的增加,提高了反应(3.1) 的反应速率,从而提高了反应(3.2) 的反应速率。同理,在一体化吸收过程中,随着 $Na_2S_2O_8$ 浓度的提高,反应(3.3) ～ (3.7) 及(3.23) ～ (3.27) 的反应速率也进一步得到提升,从而导致 SO_2 和 NO 平衡浓度的下降。

从图 3.9(a) 中可以明显地看到,当 $Na_2S_2O_8$ 浓度分别为 0.01 mol/L 和 0.02 mol/L 时,SO_2 吸收过程明显受到析出作用的影响,从而导致较高的 SO_2 平衡浓度,在两种浓度条件下,SO_2 平衡浓度分别为 $2.001\ 5 \times 10^{-4}$(初始 SO_2 浓度为 $1.008\ 32 \times 10^{-3}$) 和 $1.547\ 3 \times 10^{-4}$(初始 SO_2 浓度为 $1.042\ 11 \times 10^{-3}$)。根据之前对温度影响的分析可知,在此温度条件下,SO_2 的析出过程得到强化,并且 SO_2 的吸收主要是依靠氧化过程。当 $Na_2S_2O_8$ 浓度低于 0.05 mol/L 时,反应(3.1) 和(3.2) 的反应速率较低,从而降低了反应(3.23) ～ (3.27) 的反应速率,进而难以抑制 SO_2 的析出过程,导致较高的 SO_2 平衡浓度。同理,从图 3.9(b) 中可以看出,反应(3.3) 和(3.4) 的反应速率的降低也导致了较高的 NO 平衡浓度,当 $Na_2S_2O_8$ 浓度分别为 0.01 mol/L 和 0.02 mol/L 时,NO 平衡浓度分别为 $8.316\ 9 \times 10^{-4}$(NO 初始浓度为 $1.012\ 74 \times 10^{-3}$) 和 $8.039\ 7 \times 10^{-4}$(NO 初始浓度为 $9.969\ 4 \times 10^{-4}$)。

当 $Na_2S_2O_8$ 浓度增大到 0.05 mol/L 时,充足的氧化物质浓度提高了反应(3.23) ～ (3.27) 的反应速率,并且克服了 SO_2 析出作用的影响,因此 SO_2 平衡浓度直接降到 0。如图 3.9(b) 所示,由于 $Na_2S_2O_8$ 浓度有限以及 SO_2 吸收过程中对于氧化性物质的消耗,尽管 NO 平衡浓度在 0.05 mol/L $Na_2S_2O_8$ 浓度条件下明显降低到 $6.607\ 3 \times 10^{-4}$(NO 初始浓度为 $1.023\ 26 \times 10^{-3}$),但是降低幅度并不是很大。随着 $Na_2S_2O_8$ 浓度的继续增大,SO_2 的平衡浓度始终恒定在 0,但是 NO 平衡浓度则持续降低。

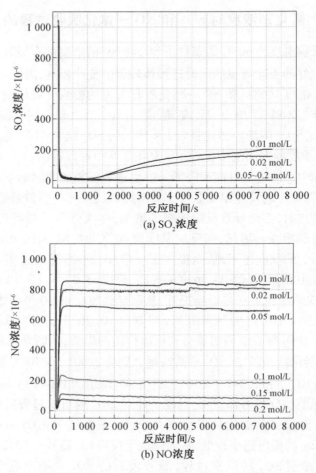

(a) SO$_2$浓度

(b) NO浓度

图 3.9　一体化吸收过程中不同 Na$_2$S$_2$O$_8$ 浓度条件下 SO$_2$
和 NO 浓度随时间的变化规律(pH = 7)

从图 3.9(b) 可以看出,一旦 Na$_2$S$_2$O$_8$ 浓度增大到 0.1 mol/L,NO 平衡浓度
出现了大幅度降低的现象。这种现象的产生主要由两方面原因共同造成。第
一个原因是持续增加的 Na$_2$S$_2$O$_8$ 浓度进一步增加了溶液中氧化性能物质的浓
度,从而进一步提高了反应(3.3) 和(3.4) 的反应速率,强化了 NO 的吸收。第
二个原因虽然没有从图 3.9(b) 中直观地看出,但是在 3.1.3 节中已经进行了
解释,即强电解质物质浓度的增加提高了作用于上升气泡上面的黏性力。因
此,比大气泡升高速度较慢的小气泡的数量增加,强化了气体分子和氧化性物
质之间的相互作用。正是这两点因素的共同作用,才使得 Na$_2$S$_2$O$_8$ 浓度一旦达
到 0.1 mol/L,NO 平衡浓度便出现大幅度降低。当 Na$_2$S$_2$O$_8$ 浓度持续增加到

0.15 mol/L 和 0.2 mol/L 时,在恒定反应温度条件下,反应(3.3)和(3.4)的反应速率升高幅度有限,这就导致了气体分子和氧化性物质之间的相互作用强度也是有限的。因此,当 $Na_2S_2O_8$ 浓度为 0.15 mol/L 和 0.2 mol/L 时,对应 NO 平衡浓度分别降低至 7.979×10^{-5}(NO 初始浓度为 $1.011\ 37 \times 10^{-3}$)和 4.628×10^{-5}(NO 初始浓度为 $1.016\ 01 \times 10^{-3}$)。NO 稳定浓度的降低幅度逐渐变得越来越小。

3.2.3　SO_2 浓度对 SO_2 和 NO 一体化吸收过程的影响

图 3.10 所示为反应温度 60 ℃ 时,不同 SO_2 初始浓度($6 \times 10^{-4} \sim 1 \times 10^{-3}$)对 0.1 mol/L 的 $Na_2S_2O_8$ 溶液一体化吸收 1×10^{-3} 的 SO_2 和 1×10^{-3} 的 NO 时二者去除效率的影响。从图 3.10 所示结果可以看出,NO 的去除效率会随着 SO_2 浓度的增加而逐渐降低。

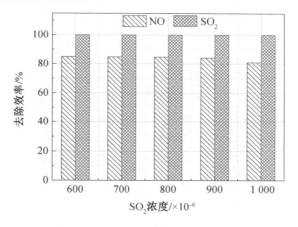

图 3.10　SO_2 浓度对一体化吸收过程的影响(pH = 7)

通过前面对 3.2.1 节中图 3.8 的实验结果分析可知,当反应温度低于 60 ℃ 时,SO_2 的添加可以促进 NO 的吸收。但是当温度达到 60 ℃ 或者更高时,水溶性的 SO_2 气体将通过反应(3.23)～(3.27)消耗溶液中的氧化性物质实现自身的氧化吸收。随着 SO_2 浓度的增加,其对应的气体分压也逐渐升高,从而增加了单位时间内与活性自由基团作用的 SO_2 气体分子数量。因此,与 NO 反应的活性自由基浓度随着 SO_2 浓度的增加而降低,从而导致 NO 去除效率的下降。从图 3.10 中也可以明显地看出,无论 SO_2 的浓度发生何种变化,对 SO_2 去除效率都没有任何影响,SO_2 去除效率始终保持在 100%。

通过以上分析可知,在此反应温度条件下,SO_2 吸收过程对于氧化性物质的竞争消耗会对 NO 的吸收过程有明显的影响。为了进一步明确不同 SO_2 浓度条件下对 NO 吸收过程的影响,对一体化吸收过程中的 NO_2 平衡浓度及液相离子成分也进行了检测,并分别列于图 3.11 和图 3.12 中(实验条件:温度为 60 ℃, $Na_2S_2O_8$ 浓度为 0.1 mol/L, SO_2 浓度为 $6 \times 10^{-4} \sim 1 \times 10^{-3}$, NO 浓度为 1×10^{-3}, pH = 7)。从图 3.11 可以看出, NO_2 的平衡浓度随着 SO_2 浓度的增加而提高,这意味着 SO_2 的加入削弱了 NO 的氧化吸收过程,并且促进了反应 (3.5)、(3.6) 及 (3.8) 的发生。但是,尽管 NO_2 的平衡浓度随着 SO_2 浓度的增加而升高,其最高浓度也仅仅只有 6.95×10^{-6},这种浓度对 NO 的吸收过程并没有显著的影响。此外,图 3.12 给出了不同 SO_2 浓度条件下一体化吸收过程产物各项离子成分的变化。从图 3.12 可以看出,一体化吸收过程中的主要产物为硝酸盐和硫酸盐,并且随着 SO_2 浓度的增加,硫酸盐的浓度逐渐升高。然而,由于 SO_2 的加入,NO 的吸收过程受到抑制,从而使硝酸盐的浓度随着 SO_2 浓度的提高而降低。

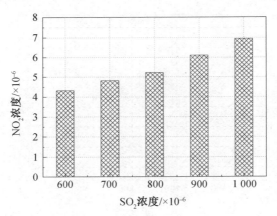

图 3.11   一体化吸收过程中不同 SO_2 浓度对 NO_2
生成量的影响

3.2.4   NO 浓度对 SO_2 和 NO 一体化吸收过程的影响

图 3.13 所示为反应温度 60 ℃ 时,不同 NO 浓度对 0.1 mol/L $Na_2S_2O_8$ 溶液一体化吸收 1×10^{-3} SO_2 和 1×10^{-3} NO 过程中, SO_2 和 NO 去除效率的影响。

从图 3.13 可以看出,NO 浓度的变化并没有对 SO_2 的去除效率产生影响,在不同 NO 浓度条件下, SO_2 去除效率始终恒定在 100%。但是,NO 的去除效率则随着 NO 浓度的增加而逐渐下降。从气 - 液传质角度来看,NO 初始浓度的增加提高了 NO 的气相分压,强化了气 - 液传质过程从而增加了单位时间内通过反应器内部的气体分子数量,NO 的浓度增加有利于 NO 的去除。但是,当

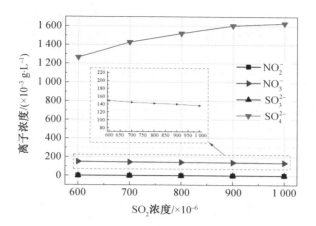

图 3.12　一体化吸收过程中不同 SO_2 浓度条件下的
　　　　　液相产物

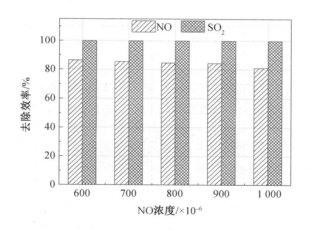

图 3.13　不同 NO 浓度对 SO_2 和 NO 一体化吸收过程
　　　　　的影响(pH = 7)

$Na_2S_2O_8$ 浓度和反应温度恒定时,溶液中氧化性活性基团是有限的。NO 浓度的增加将降低氧化性物质与 NO 的相对摩尔比。因此,当 NO 浓度从 6×10^{-4} 升高到 1×10^{-3} 时,NO 的去除效率从 86.2% 降低至 81%。

3.2.5　初始 pH 值对 SO_2 和 NO 一体化吸收过程的影响

3.1.5 节的研究结果表明,溶液的不同初始 pH 值对 $Na_2S_2O_8$ 溶液的氧化特性有着显著的影响。为此,对 $Na_2S_2O_8$ 溶液初始 pH 值对 SO_2 和 NO 一体化吸收过程的影响也进行了研究。图 3.14 所示为反应温度 60 ℃ 时,不同溶液初始

pH 值(4.5 ~ 12) 对 0.1 mol/L 的 $Na_2S_2O_8$ 溶液一体化吸收 1×10^{-3} SO_2 和 1×10^{-3} NO 过程中,SO_2 和 NO 去除效率的影响。

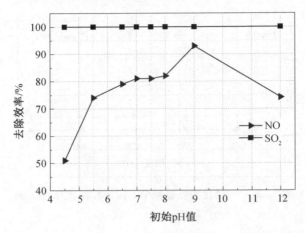

图 3.14   不同初始 pH 值对 SO_2 和 NO 一体化吸收过程
的影响

从图 3.14 可以看出,溶液初始 pH 值的变化并没有对 SO_2 吸收过程产生影响,SO_2 去除效率始终恒定在 100%。但是,溶液初始 pH 值对 NO 的去除效率却有显著的影响。通过 $Na_2S_2O_8$ 溶液初始 pH 值对单独吸收 NO 影响的研究发现(图 3.6),在初始 pH 值为 4.5 和 5.5 的酸性 $Na_2S_2O_8$ 溶液中,反应(3.13)、(3.14)及(3.16)~(3.18)的存在会促进 NO 的吸收。但是,如图 3.14 所示,当溶液初始 pH 值为 4.5 和 5.5 时,并没有对一体化吸收过程中的 NO 去除效率起到促进作用,反而降低了 NO 去除效率,产生这种现象的原因如下。

当 $Na_2S_2O_8$ 溶液初始 pH 值为 4.5 并且有 SO_2 存在时,酸性环境抑制了反应(3.21)的正向反应,同时抑制了反应(3.22)的正向反应,即不但限制了 SO_2 的溶解过程,也限制了 H_2SO_3 的水解过程。但是,在酸性条件下,溶液中所形成的氧化性物质(如 H_2SO_5 及 H_2O_2)都会通过反应(3.31)~(3.33)优先与水溶性的 SO_2 而非难溶的 NO 进行反应,并且这种优先氧化过程进行得较为迅速。此外,部分解离而出的 HSO_3^- 和 SO_3^{2-} 也会通过反应(3.34)和(3.35)得到氧化。在此酸性条件下,溶液中所产生的氧化性物质都会通过 SO_2 的竞争反应优先被大量消耗,从而降低了参与 NO 氧化过程的氧化性物质数量。因此,一体化吸收过程中,当溶液 pH 值为 4.5 时,NO 的去除效率出现了大幅度降低的现象。

但是,随着溶液 pH 值的逐渐升高,这种因强酸性环境产生的氧化性物质逐渐减少,从而导致由于 SO_2 引起的对于氧化性物质的强竞争消耗现象逐渐减弱,NO 的氧化过程逐渐恢复。因此,当溶液 pH 值为 5.5 时,NO 去除效率明显升高。而当溶液 pH 值升高至 6.5 时,酸性环境下由 SO_2 引起的强竞争消耗进一步被弱化,但是由于反应(3.15)的发生,溶液原本的氧化性物质被消耗导致氧化性能减弱。因此,NO 去除效率进一步升高,但还是低于 pH 值为 7 时对应的去除效率。

$$H_2SO_5 + SO_2 + H_2O \longrightarrow 4H^+ + 2SO_4^{2-}$$

$$SO_4^{\cdot-} + HSO_3^- \longrightarrow H^+ + SO_4^{2-} + SO_3^{\cdot-} \tag{3.31}$$

$$SO_2 + H_2O_2 \longrightarrow 2H^+ + SO_4^{2-} \tag{3.32}$$

$$H_2SO_3 + H_2O_2 \longrightarrow 2H^+ + SO_4^{2-} + H_2O \tag{3.33}$$

$$HSO_3^- + H_2O_2 \longrightarrow H^+ + SO_4^{2-} + H_2O \tag{3.34}$$

$$SO_3^{2-} + H_2O_2 \longrightarrow SO_4^{2-} + H_2O \tag{3.35}$$

当溶液 pH 值在 7 ~ 9 的范围内时,如 3.1.5 节所述,碱性环境下溶液中的硫酸根自由基将通过反应(3.19)更为迅速地产生羟基自由基,同样也会通过反应(3.20)产生更为惰性的氧自由基。但在溶液 pH 值为 7 ~ 9 的范围内,反应(3.19)的作用更为明显。弱碱性环境所引起的羟基自由基浓度的提升,提高了溶液的氧化能力,从而使 NO 的去除效率从 81% 升高至 93%。然而,当溶液 pH 值高于 9 达到 12 时,反应(3.20)占据主导地位,惰性氧自由基的大量生成降低了溶液的氧化性能,从而弱化了 NO 的氧化吸收。从图 3.14 所示实验结果可知,对于 SO_2 和 NO 一体化吸收过程而言,溶液 pH 值为 9 也是最优条件。

3.2.6　氧化剂一体化吸收 SO_2 和 NO 的反应机理

实验研究结果表明,$Na_2S_2O_8$ 溶液能够实现 SO_2 和 NO 的一体化高效吸收。为明确 $Na_2S_2O_8$ 溶液一体化吸收 SO_2 和 NO 过程的反应机制,基于 $Na_2S_2O_8$ 溶液气体吸收实验和液相成分表征(图 3.12)研究结果,对 $Na_2S_2O_8$ 溶液一体化吸收 SO_2 和 NO 过程反应机理开展研究,一体化吸收过程反应机理如图 3.15 所示。

如图 3.15 所示,在 $Na_2S_2O_8$ 溶液一体化吸收 SO_2 和 NO 过程中,SO_2 和 NO 吸收过程反应机理具体如下。

(1)在温度激活条件下,$Na_2S_2O_8$ 溶液中同时存在过硫酸根离子($S_2O_8^{2-}$)、硫酸根自由基($SO_4^{\cdot-}$)和羟基自由基($OH^{\cdot}$)等氧化性物质。

(2)易溶 SO_2 气体通过溶解过程从气相进入液相,并电离生成亚硫酸氢根离子(HSO_3^-)和亚硫酸根离子(SO_3^{2-}),同时 HSO_3^- 也会通过逆向反应再次生成 SO_2 气体。

(3)溶液中非稳态 HSO_3^- 和 SO_3^{2-} 被 $S_2O_8^{2-}$、$SO_4^{\cdot-}$ 及 $OH^{\cdot}$ 等氧化性物质进一步氧化成稳态硫酸根离子(SO_4^{2-}),从而实现 SO_2 的氧化吸收。

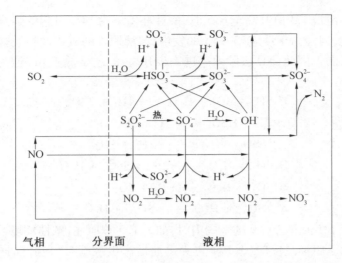

图 3.15　$Na_2S_2O_8$ 溶液一体化吸收 SO_2 和 NO 过程反应机理示意图

（4）难溶 NO 气体与溶液中的 $S_2O_8^{2-}$、$SO_4^{-\cdot}$ 及 $OH^{\cdot}$ 等氧化性物质反应生成溶解度相对较高的 NO_2，从气相进入液相生成亚硝酸根离子（NO_2^-）。

（5）溶液中 NO_2^- 并不能稳定存在，通过两种反应路径转化为稳定物质。一种反应路径为不稳定的 NO_2^- 分解产生 NO 气体，根据实验研究结果，当 $Na_2S_2O_8$ 激活程度较高时（反应温度不小于 50 ℃），这一反应路径会受到明显抑制；另一种反应路径为不稳定的 NO_2^- 被进一步氧化生成稳定的硝酸根离子（NO_3^-）。

（6）在一体化吸收 SO_2 和 NO 过程中，SO_2 吸收过程的中间产物 SO_3^{2-} 会直接将 NO 还原为氮气（N_2），并同时生成稳定的 SO_4^{2-}，从而强化 NO 的吸收。

如图 3.15 所示，SO_2 和 NO 各自的吸收过程主要通过氧化反应进行，只有在保证溶液氧化性能充足的情况下才能分别保证 SO_2 和 NO 一体化向对应的终态物质 SO_4^{2-} 和 NO_3^- 转化。虽然 SO_2 吸收过程中间产物 SO_3^{2-} 的存在能够促进 NO 的吸收，但是当溶液氧化性能提升后，非稳态 SO_3^{2-} 的还原作用有限，且 SO_2 吸收过程对于氧化剂的竞争消耗也同样会影响 NO 吸收。因此，如图 3.8 所示结果，只有当反应温度低于 60 ℃ 时，SO_2 的存在才对 NO 的吸收起到促进作用。

3.3　本章小结

为明确温度激活体系下的过硫酸钠溶液气体处理性能及主要影响因素，本章主要利用自主设计的鼓泡反应器对 $Na_2S_2O_8$ 溶液单独吸收 NO 以及一体化吸

收 SO_2 和 NO 的过程进行研究,在不同条件下研究了单一氧化体系单独脱硝过程及 SO_2 和 NO 一体化吸收过程气体浓度变化规律和去除效率主要影响因素,并通过气体组分分析结果和液相成分表征结果对一体化吸收过程反应路径进行梳理,详细分析了一体化吸收过程反应机理。主要结论如下。

（1）反应温度和 $Na_2S_2O_8$ 浓度对单独吸收 NO 过程以及 SO_2 和 NO 一体化吸收过程都有明显的影响。对于单独吸收 NO 过程而言,反应温度和 $Na_2S_2O_8$ 浓度的升高能够明显提高过硫酸钠溶液的氧化性能和 NO 的去除效率。当反应温度达到 60 ℃, $Na_2S_2O_8$ 浓度为 0.1 mol/L 时, NO 吸收过程得到明显强化。当反应温度达到 70 ℃, $Na_2S_2O_8$ 浓度不低于 0.15 mol/L, 或者反应温度达到 80 ℃, $Na_2S_2O_8$ 浓度不低于 0.05 mol/L 时, NO 去除效率接近 100% 。不同初始 pH 值条件下的过硫酸钠溶液所发生的副反应对 NO 去除效率有明显影响。溶液初始 pH 值低于 5.5 或者在 7 ~ 9 范围内时有利于 NO 吸收,但是强碱性环境并不利于 NO 的吸收,当 pH 值为 9 时 NO 去除效率最高。

（2） SO_2 和 NO 一体化吸收实验研究结果表明,当 $Na_2S_2O_8$ 溶液氧化性能不足时,无法抑制 SO_2 的析出作用影响。当反应温度不低于 60 ℃, $Na_2S_2O_8$ 浓度不低于 0.05 mol/L 时,才能有效抑制 SO_2 的析出作用从而保证一体化吸收过程中 SO_2 的高效吸收。此外,当温度低于 60 ℃ 时, SO_2 的引入有利于促进 NO 的吸收,但是当反应温度高于 60 ℃ 时, SO_2 对于氧化性物质的竞争消耗增强,对于一体化吸收过程中 NO 的吸收过程起到抑制作用。初始 SO_2 和 NO 浓度的增加对 SO_2 的去除效率没有影响,而 NO 去除效率则逐渐降低。不同溶液初始 pH 值条件下, SO_2 去除效率始终保持恒定。但是,当溶液 pH 值低于 5.5 时, SO_2 对于氧化性物质的竞争消耗会严重影响 NO 的吸收,从而导致较低的 NO 去除效率。当 pH 值高于 7 时,一体化吸收过程中的 NO 去除效率变化规律与单独吸收 NO 过程一致,当 pH 值为 9 时去除效率最高。气体吸收实验结果和液相成分检测结果,揭示了 $Na_2S_2O_8$ 溶液一体化吸收 SO_2 和 NO 的反应机理。

第 4 章　一体化吸收过程热力学和传质 – 反应动力学研究

第 3 章研究结果表明,利用 $Na_2S_2O_8$ 溶液作为吸收剂不但可以实现 NO 的高效吸收,在适当的条件下还可以实现 SO_2 和 NO 的高效一体化吸收。但是,对于温度激活体系下的 $Na_2S_2O_8$ 单一氧化体系一体化吸收过程中化学反应的推进方向、限度及平衡等宏观变化规律的研究还存在不足。此外,由于 $Na_2S_2O_8$ 溶液吸收过程是一种气 – 液传质过程,该过程受到化学反应及传质作用等多个环节的耦合影响,明确 $Na_2S_2O_8$ 溶液一体化吸收过程中的传质 – 反应路径与速率控制因素,将有助于为气液反应一体化吸收过程提供科学有效的强化措施和最优吸收条件的指导,而目前对于 $Na_2S_2O_8$ 溶液气体吸收过程的传质反应特性还没有明确的认知。因此,为深入了解基于温度激活体系下 $Na_2S_2O_8$ 溶液的 SO_2 和 NO 一体化吸收机制,本章首先从热力学层面开展 $Na_2S_2O_8$ 溶液一体化吸收 SO_2 和 NO 过程的热力学相关参数变化规律研究,从而掌握整个一体化吸收过程中物质变化的宏观规律特征,明确主控步骤。随后,本章开展了 $Na_2S_2O_8$ 溶液一体化吸收 SO_2 和 NO 过程的传质 – 反应动力学研究,基于化学法和 Danckwerts 标绘,测定实验用鼓泡反应器的气 – 液传质参数,研究了 NO 吸收速率主要影响因素,明确了一体化吸收过程的传质 – 反应特性,并基于宏观反应动力学理论建立含有传质 – 反应的一体化吸收过程相关动力学模型。本章通过热力学及动力学两个层面的系统研究,旨在充分掌握热活化体系下的 $Na_2S_2O_8$ 溶液一体化吸收 SO_2 和 NO 的物质转化宏观特性、主要控制步骤及传质反应特性。

4.1　一体化吸收过程热力学研究

4.1.1　热力学参数计算

1. 化学反应吉布斯自由能变函数计算

$\Delta_r G_m(T)$ 是化学反应吉布斯自由能函数，是判断化学反应进行方向和趋势的重要热力学参数。当 $\Delta_r G_m(T) < 0$ 时，化学反应为自发过程并且朝正向进行；当 $\Delta_r G_m(T) = 0$ 时，化学反应达到平衡状态；当 $\Delta_r G_m(T) > 0$ 时，化学反应为非自发过程并且朝反向进行。根据相关热力学研究经验，通常将吉布斯自由能函数值为 – 40 kJ/mol 作为判定自发反应的反应趋势分界点。当 $\Delta_r G_m(T) < $ – 40 kJ/mol 时，对应化学反应则属于不可逆反应，其数值越小反应趋势越大；当 $\Delta_r G_m(T) > $ – 40 kJ/mol 时，对应化学反应则为可逆反应，其数值越大反应趋势越小。在恒温、恒压条件下，化学反应吉布斯自由能变函数可以根据方程式（4.1）和（4.2）进行计算：

$$\Delta_r G_m^{\ominus} = \sum_A \gamma_A \cdot \Delta_f G_m^{\ominus} \tag{4.1}$$

$$\Delta_r G_m(T) = \Delta_r H_m(T) - T \cdot \Delta_r S_m(T) \tag{4.2}$$

式中　　$\Delta_r G_m^{\ominus}$ —— 标准吉布斯自由能变（标准状态指温度为 298.15 K、压力为 101 kPa），kJ/mol；

$\Delta_f G_m^{\ominus}$ —— 参与反应物质对应的标准吉布斯自由能，kJ/mol；

γ_A —— 化学反应方程式中的物质计量数，生成物 γ_A 取正值，反应物 γ_A 取负值；

T —— 反应温度，K；

$\Delta_r G_m(T)$ —— 化学反应对应的吉布斯自由能变，kJ/mol；

$\Delta_r H_m(T)$ —— 化学反应对应的焓变，kJ/mol；

$\Delta_r S_m(T)$ —— 化学反应对应的熵变，kJ/mol。

2. 化学反应焓变函数计算

化学反应进程中总是伴随着吸热过程或者放热过程，化学反应焓变 $\Delta_r H_m(T)$ 是判定化学反应为放热反应或者吸热反应的主要热力学参数。对于本书研究所采用的温度激活过硫酸钠体系，可以通过反应焓变对相关反应过程进行判定，从而明确反应温度对吸收过程的影响。当 $\Delta_r H_m(T) < 0$ 时，化学反应为放热反应；当 $\Delta_r H_m(T) > 0$ 时，化学反应为吸热反应。化学反应焓变可根

据式(4.3) ~ (4.5)进行计算:

$$\Delta_r H_m(T) = \Delta_r H_m^{\ominus} + \int_{298.15\,K}^{T} \Delta_r C_{p,m}^{\ominus} dT \tag{4.3}$$

$$\Delta_r H_m^{\ominus} = \sum_A \gamma_A \cdot \Delta_f H_m^{\ominus} \tag{4.4}$$

$$\Delta_r C_{p,m}^{\ominus} = \sum_A \gamma_A \cdot \Delta_f C_{p,m}^{\ominus} \tag{4.5}$$

式中　$\Delta_r H_m^{\ominus}$——化学反应标准生成焓,kJ/mol;

　　　$\Delta_r C_{p,m}^{\ominus}$——物质标准摩尔定压热容,kJ/(mol·K);

　　　$\Delta_f H_m^{\ominus}$——参与反应各物质对应的标准生成焓,kJ/mol;

　　　$\Delta_f C_{p,m}^{\ominus}$——参与反应各物质对应的标准摩尔定压热容,kJ/(mol·K)。

3. 化学反应熵变函数计算

化学反应熵变 $\Delta_r S_m(T)$ 是衡量反应物质或者反应体系混乱程度大小的热力学参数。当 $\Delta_r S_m(T) < 0$ 时,化学反应为熵减反应;当 $\Delta_r S_m(T) > 0$ 时,化学反应为熵增反应。熵增过程是一种自发的由有序向无序发展的过程,反应物质或者反应体系的混乱度越大,对应的 $\Delta_r S_m(T)$ 的绝对值就越大。化学反应的 $\Delta_r S_m(T)$ 可以通过式(4.6)和(4.7)进行计算:

$$\Delta_r S_m(T) = \Delta_r S_m^{\ominus} + \int_{298.15\,K}^{T} \frac{\Delta_r C_{p,m}^{\ominus}}{T} dT \tag{4.6}$$

$$\Delta_r S_m^{\ominus} = \sum_A \gamma_A \cdot \Delta_f S_m^{\ominus} \tag{4.7}$$

式中　$\Delta_r S_m^{\ominus}$——化学反应标准熵变,kJ/(mol·K);

　　　$\Delta_f S_m^{\ominus}$——参与反应各物质对应的标准熵变,kJ/(mol·K)。

4. 化学反应平衡常数计算

化学反应平衡常数 $K_p^{\ominus}$ 是衡量化学反应进行限度的重要热力学参数。对于同一化学反应而言,在反应温度一定的条件下,$K_p^{\ominus}$ 数值越大表明反应进行的限度越大。$K_p^{\ominus}$ 的数值大小与反应温度有关,不随反应物质浓度的变化而变化。其与化学反应吉布斯自由能有关,见式(4.8)。当化学反应达到平衡时,$\Delta_r G_m(T) = 0$,可通过式(4.9)计算得出 $K_p^{\ominus}$:

$$\Delta_r G_m(T) = \Delta_r G_m^{\ominus} + RT \cdot \ln K_p^{\ominus} \tag{4.8}$$

$$K_p^{\ominus} = \exp[-\Delta_r G_m^{\ominus}/(RT)] \tag{4.9}$$

式中　$K_p^{\ominus}$——化学反应平衡常数。

4.1.2　一体化吸收过程分步反应热力学分析

根据第 3 章的研究结果可知,利用热激活体系下的 $Na_2S_2O_8$ 溶液在考察条件下可以实现 SO_2 和 NO 的有效去除。为了彻底掌握 SO_2 和 NO 一体化吸收机理,还需对 SO_2 和 NO 一体化氧化吸收过程中同一温度下化学反应的反应趋势和限度,以及不同反应温度下的反应趋势和限度变化规律进行研究。本小节通过相关热力学参数研究,更好地掌握在温度激活体系下的 SO_2 和 NO 一体化吸收过程中,各反应发生的趋势及相关反应进行的限度。

通过第 3 章实验结果及对应过程分析可知,利用温度激活体系下的 $Na_2S_2O_8$ 溶液一体化吸收 SO_2 和 NO 过程中涵盖多步化学反应。这其中也包含瞬态自由基参与的多步基元反应,但溶液中氧化性活性自由基也是由 $Na_2S_2O_8$ 产生的。因此,通过对一体化吸收过程参与反应的梳理,利用 $Na_2S_2O_8$ 溶液一体化吸收 SO_2 和 NO 的主要分步化学反应如下所示:

$$S_2O_8^{2-} + NO + H_2O \longrightarrow 2H^+ + 2SO_4^{2-} + NO_2 \tag{4.10}$$

$$2NO_2 + H_2O \longrightarrow 2H^+ + NO_3^- + NO_2^- \tag{4.11}$$

$$3NO_2^- + 2H^+ \longrightarrow 2NO + NO_3^- + H_2O \tag{4.12}$$

$$S_2O_8^{2-} + NO_2^- + H_2O \longrightarrow 2SO_4^{2-} + 2H^+ + NO_3^- \tag{4.13}$$

$$SO_2 + H_2O \Longleftrightarrow H_2SO_3 \tag{4.14}$$

$$H_2SO_3 + S_2O_8^{2-} + H_2O \longrightarrow 3SO_4^{2-} + 4H^+ \tag{4.15}$$

$$2NO + 2H_2SO_3 \longrightarrow N_2 + 2SO_4^{2-} + 4H^+ \tag{4.16}$$

参与反应的各种物质对应的标准热力学数据见表 4.1。对应反应的吉布斯自由能变、焓变、熵变以及平衡常数按照 4.1.1 节所述热力学参数计算方法进行计算。图 4.1 展示了不同反应温度条件下,$Na_2S_2O_8$ 溶液一体化吸收过程分步反应(4.10)~(4.16)所对应的热力学参数。

表 4.1　标准状态化学反应相关物质的热力学参数

物质	$\Delta_f H_m^{\ominus} /$ (kJ·mol^{-1})	$\Delta_f G_m^{\ominus} /$ (kJ·mol^{-1})	$\Delta_f S_m^{\ominus} /$ (J·mol^{-1}·K^{-1})	$\Delta_f C_{p,m}^{\ominus} /$ (J·mol^{-1}·K^{-1})
$N_2(g)$	0	0	191.609	29.124
$NO(g)$	91.29	87.6	210.76	29.85
$NO_2(g)$	33.1	51.3	240.1	37.2
$SO_2(g)$	−296.81	−300.13	248.223	39.88
$H_2O(l)$	−285.83	−237.14	69.95	75.35
$NO_3^-(aq)$	−206.85	−111.3	146.7	−86.6

续表4.1

物质	$\Delta_{\mathrm{f}} H_{\mathrm{m}}^{\ominus} /$ $(\mathrm{kJ} \cdot \mathrm{mol}^{-1})$	$\Delta_{\mathrm{f}} G_{\mathrm{m}}^{\ominus} /$ $(\mathrm{kJ} \cdot \mathrm{mol}^{-1})$	$\Delta_{\mathrm{f}} S_{\mathrm{m}}^{\ominus} /$ $(\mathrm{J} \cdot \mathrm{mol}^{-1} \cdot \mathrm{K}^{-1})$	$\Delta_{\mathrm{f}} C_{p,\mathrm{m}}^{\ominus} /$ $(\mathrm{J} \cdot \mathrm{mol}^{-1} \cdot \mathrm{K}^{-1})$
$NO_2^-(aq)$	-104.6	-32.2	123	-97.5
$SO_4^{2-}(aq)$	-909.34	-744.5	18.5	-293
$H^+(aq)$	0	0	0	0
$S_2O_8^{2-}(aq)$	$-1\,344.7$	$-1\,114.9$	244.3	—
$S_4O_8^{2-}(aq)$	$-1\,223.57$	$-1\,040.06$	257.193	-67.75
$H_2SO_3(aq)$	-608.81	-537.9	232.2	—
$HSO_3F(g)$	-753	-691	297	75.24

注:其中 $S_2O_8^{2-}(aq)$ 以及 $H_2SO_3(aq)$ 的 $\Delta_{\mathrm{f}} C_{p,\mathrm{m}}^{\ominus}$ 数据没有,分别使用 $S_4O_8^{2-}(aq)$ 和 $HSO_3F(g)$ 的数据代替。

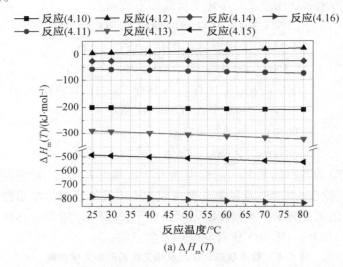

(a) $\Delta_{\mathrm{r}} H_{\mathrm{m}}(T)$

图 4.1　不同反应温度条件下 $Na_2S_2O_8$ 溶液一体化吸收过程主要分步
　　　反应对应的热力学参数

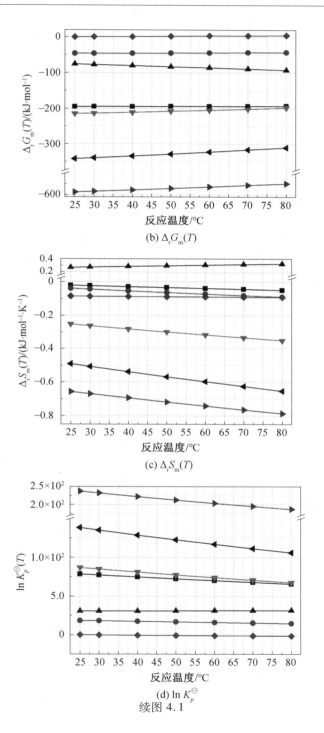

(b) $\Delta_r G_m(T)$

(c) $\Delta_r S_m(T)$

(d) $\ln K_p^{\ominus}$

续图 4.1

1. 化学反应焓变分析

反应（4.10）~（4.16）的热力学焓变数值如图4.1（a）所示。从图4.1（a）所示各个反应的焓变值可以看出，当反应温度从25 ℃升高到80 ℃时，在反应（4.10）~（4.16）中，只有反应（4.12）对应焓变值为正值，属于吸热反应，其余反应对应焓变值均为负值，属于放热反应。但是，反应（4.12）所对应的过程是整个吸收过程中NO再次释放的过程。因此，从热力学焓变角度而言，升高反应温度不利于NO和SO_2的一体化吸收。

2. 化学反应吉布斯自由能变分析

反应（4.10）~（4.16）的热力学吉布斯自由能变数值如图4.1（b）所示。根据热力学的相关研究，化学反应对应吉布斯自由能变值以"< 0""= 0"及"> 0"为衡量标准分别判定反应为自发反应、平衡反应和非自发反应。又以"< − 40 kJ/mol"或"> − 40 kJ/mol"来分别衡量反应是否为自发不可逆反应或者自发可逆反应，以及反应的趋势。根据图4.1（b）所示结果可知，当反应温度从25 ℃升高到80 ℃时，在反应（4.10）~（4.16）中，只有反应（4.14）所对应的吉布斯自由能变值从 − 0.55 kJ/mol升高至4.37 kJ/mol，即由热力学上的自发可逆反应变更为非自发反应。而其他反应对应的吉布斯自由能变值均小于 − 40 kJ/mol，即均为自发不可逆反应。在反应（4.10）~（4.16）中，反应（4.10）~（4.13）为一体化吸收过程中NO吸收过程的主要反应步骤，反应（4.14）和（4.15）为一体化吸收过程中SO_2吸收过程的主要反应步骤。反应（4.16）为SO_2存在条件下，NO吸收的促进反应。对于反应（4.10）~（4.13）而言，根据图4.1（b）所示数据和吉布斯自由能最小化原理，当反应温度从25 ℃升高到80 ℃时，反应（4.10）和（4.13）对应吉布斯自由能变数值较小，反应进行趋势较大，其中反应（4.13）进行趋势最大，是整个NO吸收过程中主要发生的反应。而反应（4.11）和（4.12）对应吉布斯自由能变数值则相对较大，反应进行趋势明显较小，尤其反应（4.11）所对应的吉布斯自由能变数值，虽然在整个实验温度变化区间内始终低于 − 40 kJ/mol，但十分接近，并随着反应温度的升高逐渐向这一数值靠近。这表明该反应不但进行趋势极小，而且随着反应温度的升高这一趋势愈发减弱。因此，根据NO吸收过程涉及反应的吉布斯自由能变分析可知，从热力学角度而言，首先难溶于水的NO气体被氧化成溶解度相对较高的NO_2气体，而进入液相之后并没有做过多的停留就直接被氧化性物质进一步氧化成相对稳定的硝酸盐类物质。

反应（4.14）和（4.15）代表了一体化吸收过程中SO_2的吸收过程。根据图

4.1(b)中所示结果可知,当反应温度从 25 ℃ 升高到 80 ℃ 时,反应(4.14)对应吉布斯自由能变数值从负值变为正值,反应进行方向和趋势发生改变。当反应温度为 25 ℃ 和 30 ℃ 时,反应(4.14)对应吉布斯自由能变数值分别为 - 0.55 kJ/mol 和 - 0.12 kJ/mol。这表明在此温度条件下,反应(4.14)为自发正向进行的可逆反应,SO_2 气体进入液相后可以进行溶解形成亚硫酸,但是液相中亚硫酸不会稳定存在,可以进行逆向反应重新释放 SO_2。随着温度从 25 ℃ 升高到 30 ℃,这种逆向进行的趋势愈发明显。当反应温度升高到 40 ℃ 时,反应(4.14)所对应的吉布斯自由能变值已经升高为 0.75 kJ/mol,反应(4.14)也变为逆向自发进行。这表明此时 SO_2 已经比较难溶解,即使溶解进入液相之后形成亚硫酸,也会迅速进行逆向反应再次释放 SO_2。而当温度继续增加后,反应(4.14)所对应的吉布斯自由能变数值也继续升高,当反应温度达到 80 ℃ 时,其数值为 4.37 kJ/mol。虽然在整个实验温度区间内的数值变化幅度不大,但是吉布斯自由能变数值从负值变为正值且逐渐升高,即反应由自发正向可逆变为逆向自发。这表明 SO_2 的液相溶解过程从易到难,亚硫酸在液相存在的可能性越来越小,而 SO_2 逆向的解析过程却越来越强。SO_2 溶解过程的变化也印证了 3.2.1 节的解析现象所导致的 SO_2 平衡浓度升高的结论。此外,从图 4.1(b)中所示结果可知,反应(4.15)对应的吉布斯自由能变数值很小,此反应的正向进行趋势很大,是 SO_2 吸收过程的主要反应。对于 SO_2 吸收过程,相关反应的热力学吉布斯自由能变结果表明,在 $Na_2S_2O_8$ 溶液一体化吸收过程中,随着反应温度的增加,SO_2 的吸收越来越依靠溶液的氧化强度,从而能够有效抑制解析作用影响,实现有效吸收。这也和第 3 章中的实验结果互相印证。

一体化吸收过程中由于 SO_2 存在所引发的反应(4.16)对于 NO 的吸收过程具有促进作用。从图 4.1(b)所示的结果可以看出,随着反应温度从 25 ℃ 升高到 80 ℃,与反应(4.10)～(4.15)所对应的吉布斯自由能变值相比,此反应对应的数值较小,说明该反应一旦具备反应条件,其反应趋势很强烈。但是,通过 SO_2 吸收过程中的反应(4.14)和(4.15)的吉布斯自由能变数值分析可知,当反应温度不低于 40 ℃ 时,SO_2 的溶解过程受到影响,反而亚硫酸的解析作用逐渐明显,随着温度的升高,SO_2 的吸收过程逐渐依靠溶液的氧化能力。如果溶液氧化能力充足,SO_2 的吸收主要依靠反应(4.15)进行。也就是说,想要保证反应(4.16)的顺利进行,必须要先确保亚硫酸在溶液中有相对稳定的停留环境,如果亚硫酸的存在环境被影响,则反应进行程度也会受到抑制。这一结果也同样能够与 3.2.1 节的实验结果相印证。根据图 4.1(b)所示结果可知,SO_2 氧化过程对应反应吉布斯自由能变数值始终小于 NO 氧化过程对应值,这表明 SO_2 和 NO 一体化吸收过程中,在热力学层面上,SO_2 的氧化过程进行趋势要强于 NO 氧化过程。当氧化过程在一体化吸收过程中占据主导地位时，SO_2 的存在必然会对 NO 吸收过程产生不利影响。

3.化学反应熵变分析

反应(4.10) ~ (4.16)的热力学熵变数值如图 4.1(c)所示。化学反应热力学熵变数值的绝对值表达了这种反应的混乱程度，即从热力学角度上表明了反应发生的剧烈程度。从图 4.1(c)所示的计算结果可以看出，随着反应温度从 25 ℃ 升高到 80 ℃，所有反应对应熵变数值的绝对值均增大，表明各个反应随着反应温度的升高其混乱度明显增强，反应剧烈程度有所增加。

4.化学反应平衡常数分析

反应(4.10) ~ (4.16)的热力学平衡常数如图 4.1(d)所示。根据图 4.1(d)所示结果可知，对应反应的平衡常数变化规律和对应反应的吉布斯自由能变数值变化规律基本一致。NO 吸收过程涉及反应(4.10) ~ (4.13)，随着反应温度的升高，反应(4.13)所对应的平衡常数数值较大，即该反应进行程度较深，是一体化吸收过程中 NO 吸收过程的主要反应。而反应(4.11)所对应的平衡常数很低，这说明了该反应在整个 NO 吸收过程中的进行程度很浅，即 NO_2 溶解过程是一种极为短暂的过程，NO 的吸收主要还是依靠反应(4.10)和(4.13)主导的气态氧化和液相氧化吸收的共同作用。而对于 SO_2 吸收过程所包含的反应(4.14)和(4.15)，其中反应(4.15)在整个实验温度区间内，其所对应的平衡常数始终很大，表明该反应进行程度很深，是 SO_2 吸收过程中的主要反应。此外，由于 SO_2 存在所引发的反应(4.16)对应的平衡常数依然很大，说明该项反应进行的程度很深，一旦溶液中亚硫酸能够较为稳定地生成，则该反应的发生将有助于 NO 的吸收。根据图 4.1(d)所示结果可知，SO_2 氧化过程所含反应对应平衡常数数值要高于 NO 氧化过程对应数值，这表明一旦 SO_2 氧化反应发生，其反应进行程度要深于 NO 氧化过程。

4.1.3　一体化吸收过程总反应热力学分析

通过以上分析可知，$Na_2S_2O_8$ 溶液吸收 SO_2 和 NO 的过程均主要依靠氧化反应，并且根据图 3.12 液相检测结果可知，氧化反应终态物质分别为硫酸盐和硝酸盐。因此，$Na_2S_2O_8$ 溶液单独吸收 NO 过程以及一体化吸收 SO_2 和 NO 过程对应的总反应方程式分别如反应(4.17)和(4.18)所示：

$$2NO + 4H_2O + 3S_2O_8^{2-} \longrightarrow 2NO_3^- + 6SO_4^{2-} + 8H^+ \qquad (4.17)$$

$$2NO + SO_2 + 6H_2O + 4S_2O_8^{2-} \longrightarrow 9SO_4^{2-} + 2NO_3^- + 12H^+ \qquad (4.18)$$

　　通过分步反应热力学分析结果可知,反应吉布斯自由能变和平衡常数能够较为直观地展现反应强度,因此对于总反应热力学分析将研究整个实验温度变化区间内,总反应对应的吉布斯自由能变数值及平衡常数两项热力学参数,用以衡量总反应进行趋势及程度。根据表4.1数据对反应(4.17)和(4.18)的热力学吉布斯自由能变以及平衡常数进行计算。

　　图4.2给出了一体化吸收过程中,不同反应温度条件下,单独吸收NO过程和一体化吸收过程的总反应所对应的热力学吉布斯自由能变和平衡常数。图4.2(a)给出了整个考察温度区间内反应(4.17)和(4.18)对应的吉布斯自由能变。从图4.2(a)中可以看出,当反应温度从25 ℃升高到80 ℃时,反应(4.17)和(4.18)所对应的吉布斯自由能变数值都远低于－40 kJ/mol,都是正向自发进行的不可逆反应,并且反应正向推进趋势都很大。同时,从图4.2(b)中可以看出,反应(4.17)和(4.18)对应平衡常数数值较大,表明反应进行程度都很深。从图4.2中可以看出,当反应温度从25 ℃升高到80 ℃时,反应(4.18)对应吉布斯自由能变数值始终低于反应(4.17)的对应值。根据吉布斯自由能最小化原理,说明在整个实验考察温度区间内,从热力学角度而言,相比于NO的单独吸收过程,$Na_2S_2O_8$溶液一体化吸收反应正向推进趋势更强,即一体化吸收过程中NO更容易被吸收而形成最终的稳定态。

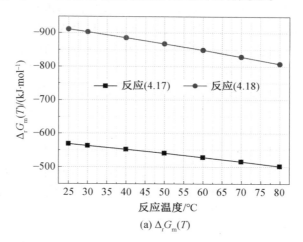

(a) $\Delta_r G_m(T)$

图4.2　不同反应温度条件下过硫酸钠溶液一体化吸
　　　　收过程总反应热力学参数

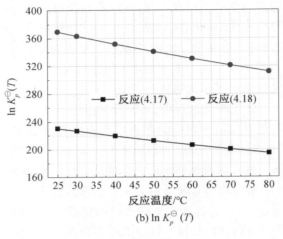

(b) $\ln K_p^{\ominus}(T)$

续图 4.2

虽然通过分步过程中的分析可知,SO_2 的存在对于 NO 的氧化过程有不利影响,但是反应(4.16)的发生,不可避免地会强化 NO 的吸收。因此,从总体来说,一旦反应(4.16)能够相对稳定地存在,或者氧化剂浓度足够充足,达到理想状态,那么一体化吸收过程中的 NO 吸收过程就要强于单独 NO 吸收过程。从 3.2.1 节的实验结果可以印证这一结论。当反应温度低于 60 ℃ 时,反应(4.16)的存在促进了 NO 的吸收,一体化吸收过程中 NO 去除效率明显高于单独 NO 吸收过程对应值。当反应温度高于 60 ℃,反应(4.16)的促进作用减弱,一体化吸收过程对应 NO 去除效率低于单独 NO 吸收过程对应值。但是,随着反应温度的不断提升,溶液氧化能力逐渐增强,这种差距将变得不再明显。根据热力学计算结果可以推测,理想状态下,一旦发生反应(4.16)(即使停留时间很短),一体化吸收过程中 NO 的吸收要强于 NO 单独吸收过程。图 4.2(b)展示了不同反应温度条件下两个反应的平衡常数变化。根据图 4.2(b)所示结果,当反应温度从 25 ℃ 升高到 80 ℃ 时,反应(4.18)的平衡常数较大,表明反应进行程度很深。从热力学角度而言,这也同样说明一体化吸收过程中 NO 吸收过程的优势。

4.2　一体化吸收过程传质 – 反应动力学研究

化学反应动力学分为本征反应动力学和宏观反应动力学。本征反应动力学主要是在均相条件下研究化学反应的机理。但是,一般在化学反应进行的过程中,不仅存在化学反应,还伴随有物质传递的过程。宏观反应过程为化学反应过程和物质传递过程的耦合作用过程,也更符合物质转变的实际过程。

$Na_2S_2O_8$ 溶液一体化吸收 SO_2 和 NO 的过程中不但含有化学反应,更是兼顾了气 – 液两相之间的物质传递过程。因此,对 $Na_2S_2O_8$ 溶液一体化吸收 NO 和 SO_2 的过程进行宏观动力学研究,能够更为深入地掌握其多因素耦合作用机制,也能够为工业化应用提供基础数据和理论指导。

4.2.1　气 – 液传质反应动力学理论

根据 $Na_2S_2O_8$ 溶液一体化吸收 SO_2 和 NO 的实验结果以及热力学理论分析可知,一体化吸收过程中 SO_2 的吸收非常充分,在任何条件下其吸收效果都要好于 NO 的吸收效果。而 NO 的吸收效果则不同,一体化吸收过程中,不同反应温度、不同 $Na_2S_2O_8$ 浓度以及 SO_2 含量都会对 NO 的吸收效果产生影响。因此,$Na_2S_2O_8$ 溶液 SO_2 和 NO 一体化吸收过程的传质动力学分析将以 NO 的分析为主,而 SO_2 作为一项参考条件。

根据吸收实验结果和热力学分析,$Na_2S_2O_8$ 溶液吸收 NO 的总反应方程式为式(4.17)。基于宏观化学反应动力学理论,NO 吸收总反应方程式可看作对 NO 为 m 级的反应,而对 $S_2O_8^{2-}$ 为 n 级的反应。因此,$Na_2S_2O_8$ 溶液吸收 NO 的总反应方程式是一个拟 $m + n$ 级化学反应,则 NO 吸收速率方程可表示为

$$R_{NO} = k_{m,n} \cdot c_{NO}^m \cdot c_{PS}^n \qquad (4.19)$$

式中　R_{NO}——单位体积 NO 吸收速率,$mol/(m^3 \cdot s)$;

$\quad\quad k_{m,n}$——拟 $m + n$ 级总反应的反应速率常数;

$\quad\quad c_{NO}$——液相中 NO 的浓度,mol/L;

$\quad\quad c_{PS}$——液相中过硫酸根浓度,mol/L;

$\quad\quad m$、n——NO 和过硫酸根的反应级数。

$Na_2S_2O_8$ 在与 NO 反应的过程中,$Na_2S_2O_8$ 浓度($0.01 \sim 0.2\ mol/L$)要远大于 NO 初始浓度($4.46 \times 10^{-5}\ mol/L$),根据过量浓度原则,在较短的实验工况内,可近似认为 $Na_2S_2O_8$ 浓度在反应前后保持不变。因此,NO 的吸收速率方程式(4.19)可进一步简化为

$$R_{NO} = k_m \cdot c_{NO}^m \qquad (4.20)$$

式中　k_m——m 级反应对应的速率常数,即 $k_m = k_{m,n} \cdot c_{PS}^n$。

研究表明,双膜模型适用于鼓泡塔、搅拌釜等形式的气液接触反应器。根据双膜理论,在稳态情况下,NO 在伴有化学反应的 $Na_2S_2O_8$ 溶液中的吸收速率方程为

$$N_{NO} = k_{NO,G} \cdot (p_{NO,G} - p_{NO,i}) = \beta \cdot k_{NO,L} \cdot (c_{NO,i} - c_{NO,L}) \qquad (4.21)$$

式中　N_{NO}——单位相面积 NO 的吸收速率,$mol/(m^2 \cdot s)$;

$\quad\quad k_{NO,G}$——气相传质系数,$mol/(s \cdot m^2 \cdot Pa)$;

$p_{NO,G}$——气相主体 NO 分压，Pa；

$p_{NO,i}$——气液界面 NO 分压，Pa；

$c_{NO,i}$——气 – 液相界面 NO 浓度，mol/L；

$c_{NO,L}$——液相主体 NO 浓度，mol/L；

$k_{NO,L}$——液相传质系数，m/s；

β——化学反应增强因子。

根据亨利定律，在气 – 液相界面存在平衡关系

$$c_{NO,i} = H_{NO,L} \cdot p_{NO,i} \tag{4.22}$$

式中　$H_{NO,L}$——NO 在液相中的溶解度系数，mol/(L·Pa)。

联立式(4.21)和(4.22)可得 NO 在相界面处浓度的计算式：

$$c_{NO,i} = H_{NO,L} \cdot (p_{NO,G} - N_{NO}/k_{NO,G}) \tag{4.23}$$

进而联立式(4.21)和(4.23)可进一步整理得出 NO 吸收速率方程式：

$$N_{NO} = \left(p_{NO,G} - \frac{c_{NO,L}}{H_{NO,L}} \right) \bigg/ \left(\frac{1}{k_{NO,G}} + \frac{1}{\beta \cdot H_{NO,L} \cdot k_{NO,L}} \right) \tag{4.24}$$

通过第 3 章的 NO 吸收过程分析可知，利用 $Na_2S_2O_8$ 溶液吸收 NO 的过程中，主要吸收的物质为 $Na_2S_2O_8$ 受热活化后所产生的活性自由基，其中以羟基自由基的氧化过程为主。相关研究表明，利用羟基自由基吸收 NO 的反应速率常数为 2.0×10^{10} mol/(L·s)，超过了液相分子扩散速率限值（10^{10} mol/(L·s)）。因此，利用热激活体系下的 $Na_2S_2O_8$ 溶液吸收 NO 所对应的反应速率非常大。这里先假设利用热激活 $Na_2S_2O_8$ 溶液吸收 NO 的过程是快速反应，则化学反应吸收速率将远大于传质速率(在 4.2.7 节中进行验证)。根据双膜理论，对于快速反应，NO 气体分子在进入液相主体之前就将被完全吸收，则液相中的 NO 气体浓度为零，即 $c_{NO,L} = 0$。因此，NO 吸收速率方程式(4.24)可进一步简化为

$$N_{NO} = \frac{p_{NO,G}}{(k_{NO,G})^{-1} + (\beta \cdot H_{NO,L} \cdot k_{NO,L})^{-1}} \tag{4.25}$$

根据双膜理论，对于不可逆 m 级反应，化学反应增强因子 β 可近似表达为

$$\beta = \frac{H_a \cdot [(\beta_i - \beta)/(\beta_i - 1)]^{n/2}}{\tanh\{H_a \cdot [(\beta_i - \beta)/(\beta_i - 1)]^{n/2}\}} \tag{4.26}$$

式中　β_i——瞬时增强因子；

　　　H_a——八田数，表示液膜内化学反应速率与物理吸收速率之比，其表达式为

$$H_a = \frac{1}{k_{NO,L}} \cdot \left(\frac{2}{m+1} \cdot k_m \cdot D_{NO,L} \cdot c_{NO,i}^{m-1} \right) \tag{4.27}$$

式中　$D_{NO,L}$——NO 液相扩散系数，m^2/s。

根据双膜理论，当液相中的气体吸收过程可以看作快速反应时，$H_a > 3$，且

$\beta \approx H_\text{a}$。因此，NO 吸收速率方程式(4.25)可以与式(4.27)联立进一步转化为

$$N_\text{NO} = p_\text{NO,G} \cdot \left[\frac{1}{k_\text{NO,G}} + \frac{1}{H_\text{NO,L} \left(\dfrac{2}{m+1} \cdot k_m \cdot D_\text{NO,L} \cdot c_\text{NO,i}^{m-1} \right)^{1/2}} \right]^{-1} \quad (4.28)$$

4.2.2　物性参数计算

吸收液黏度、待处理气体在吸收液中的溶解度系数和扩散系数以及气体在气相中的扩散系数等物性参数是传质 – 反应动力学研究中的重要变量，只有在充分掌握物性参数的前提下，才能对传质特性参数进行计算，从而进行传质 – 反应动力学研究。采用 NO 在纯水中的扩散系数估算 NO 在吸收溶液中的扩散系数时，必须首先知道 NO 在吸收溶液中的动力学黏度。本节采用 2.1.3 节中所述方法，利用旋转黏度测试仪测量不同温度及不同浓度的 $Na_2S_2O_8$ 溶液黏度值(μ_PS，mPa·s)。利用最小二乘法对所得黏度值进行多元非线性拟合，得到黏度计算方程，用于后续研究传质特性参数的估算，计算结果见附录 A。NO 在 $Na_2S_2O_8$ 溶液中的溶解度系数($H_\text{NO,PS}$，mol/(L·Pa))可由 NO 在纯水中的溶解度系数($H_\text{NO,w}$，mol/(L·Pa))通过 Krevelen 与 Hoftyzer 经验公式计算得出。NO 在 $Na_2S_2O_8$ 溶液中的扩散系数($D_\text{NO,PS}$，m^2/s)可由 NO 在纯水中的扩散系数($D_\text{NO,w}$，m^2/s)与 Wilke – Chang 经验方程关联式计算得出。NO 在气相中的扩散系数($D_\text{NO,G}$，m^2/s)可通过查普曼 – 恩斯库格(Chapman – Enskog)半经验方程直接计算得出。NO 在 $Na_2S_2O_8$ 溶液中的相关物性参数的详细计算方法及结果见附录 B。

4.2.3　传质特性参数

$Na_2S_2O_8$ 溶液液相吸收 SO_2 和 NO 伴随着气 – 液传质和非均相化学反应等过程，需要首先确定 NO 在 $Na_2S_2O_8$ 溶液中的液相传质系数($k_\text{NO,PS}$，m/s)、比相界面积($a_\text{NO,L}$，m^2/m^3)以及气相传质系数($k_\text{NO,G}$，mol/(m^2·s·Pa))等鼓泡吸收反应器的传质特性参数。相关研究表明，鼓泡反应器传质特性参数通常需要采用物理法或化学法进行实验测定。相比于物理法，化学法可同时测定鼓泡反应器的有效比相界面积、传质系数等，并且能够较好地描述反应器的宏观特性。因此，化学法通常作为测定反应器传质特性参数的标准方法。本书研究采用两组已知反应动力学常数的气液吸收体系测定鼓泡实验装置的传质特性参数，即 NaClO – Na_2CO_3/$NaHCO_3$ 吸收 CO_2 体系和 NaOH 吸收 CO_2 体系。气体流量的增加会加大气液两相之间的扰动，降低气 – 液传质边界层的厚度，从而影响鼓泡反应器的性能参数。反应温度也会对液相化学反应速率及液相扩散

系数产生影响,进而改变鼓泡反应器传质性能参数。因此,按照 2.3.2 节所述实验方法,进行了不同气体流量和反应温度的鼓泡反应器传质参数测定实验。按照附录 C 所述方法对实验数据进行计算,利用 Danckwerts 标绘求出 CO_2 体系下的液相传质系数 $k_{CO_2,L}$ 及气液比相界面积 $a_{CO_2,L}$。

对于鼓泡反应器,NO 的液相传质系数 $k_{NO,L}$ 和气液比相界面积 $a_{NO,L}$ 与实验测定的 CO_2 的液相传质系数 $k_{CO_2,L}$ 和气液比相界面积 $a_{CO_2,L}$ 存在式(4.29)和(4.30)所示的对应关系,NO 的气相传质系数 $k_{NO,G}$ 与实验测定的 CO_2 气相传质系数 $k_{CO_2,G}$ 存在式(4.31)所示对应关系:

$$k_{NO,L} = k_{CO_2,L} \cdot (D_{NO,PS}/D_{CO_2,L}) \qquad (4.29)$$

$$a_{NO,L} = a_{CO_2,L} \qquad (4.30)$$

$$k_{NO,G} = k_{CO_2,G} \cdot (D_{NO,G}/D_{CO_2,G}) \qquad (4.31)$$

式中　$k_{CO_2,L}$——CO_2 液相传质系数,m/s;

$k_{NO,L}$——NO 液相传质系数,m/s;

$a_{CO_2,L}$—— 鼓泡反应器中 CO_2 的比相界面积,m²/m³;

$D_{NO,PS}$——NO 在 $Na_2S_2O_8$ 溶液中的扩散系数,m²/s;

$D_{CO_2,L}$——CO_2 在缓冲溶液中的扩散系数,m²/s;

$a_{NO,L}$—— 鼓泡反应器中 NO 的气液比相界面积,m²/m³;

$k_{NO,G}$——NO 气相传质系数,mol/(m²·s·Pa);

$k_{CO_2,G}$——CO_2 气相传质系数,mol/(m²·s·Pa);

$D_{NO,G}$——NO 气相扩散系数,m²/s;

$D_{CO_2,G}$——CO_2 气相扩散系数,m²/s。

因此,根据附录 B 中所得数据,NO 在 $Na_2S_2O_8$ 溶液中的液相传质系数 $k_{NO,PS}$、气液比相界面积 $a_{NO,L}$ 以及气相传质系数 $k_{NO,G}$ 可通过式(4.29)～(4.31)进行计算。将所得数据进行多元非线性拟合,得到鼓泡反应器 NO 传质参数的对应拟合方程(4.32)～(4.34):

$$k_{NO,PS} = \exp\begin{bmatrix} -20.679\,84 + 0.583\,61 \cdot \ln Q_{NO} + \\ 3.206\,93 \cdot \ln T - 0.022\,35 \cdot \ln c_{PS} \end{bmatrix} \quad R^2 = 0.978 \quad (4.32)$$

$$a_{NO,L} = \exp\begin{bmatrix} -70.633\,2 + 0.532\,35 \cdot \ln Q_{NO} + \\ 76.083\,55 \cdot \ln (-1.344\,95 \times 10^{-5} \cdot T^2 + \\ 1.812\,96 \times 10^{-4} \cdot T + 2.667\,93) \end{bmatrix} \quad R^2 = 0.996$$

$$(4.33)$$

$$k_{NO,G} = \begin{bmatrix} 1.490\,92 \times 10^{-6} + 8.748\,25 \times 10^{-7} \cdot \ln Q_{NO} + \\ 8.723\,23 \times 10^{-8} \cdot \exp(0.061\,97 \cdot T) \end{bmatrix} \quad R^2 = 0.998$$

$$(4.34)$$

式中　$k_{NO,PS}$——NO 在 $Na_2S_2O_8$ 溶液中的液相传质系数,m/s;

　　　Q_{NO}——NO 气体流量,L/min;

　　　c_{PS}——$Na_2S_2O_8$ 浓度,mol/L;

　　　T——反应温度,℃。

4.2.4　NO 吸收速率计算

基于 NO 在气液两相中的物料守恒原理,单位相界面积的 NO 吸收速率可由式(4.35)进行计算:

$$N_{NO} = \frac{E_{NO} \cdot C_{NO,in} \cdot Q_G \cdot 10^{-9}}{60 \cdot V_L \cdot M_{NO} \cdot a_{NO,L}} \tag{4.35}$$

式中　N_{NO}——单位相界面积 NO 吸收速率,mol/($m^2 \cdot s$);

　　　E_{NO}——NO 去除效率,%;

　　　$C_{NO,in}$——NO 入口质量浓度,g/L;

　　　Q_G——气体流量,L/min;

　　　M_{NO}——NO 的摩尔质量,30 g/mol;

　　　V_L——吸收溶液体积,1.2 L。

4.2.5　主要因素分析

根据第 3 章的实验研究结果可知,NO 和 SO_2 一体化吸收过程中反应温度、$Na_2S_2O_8$ 浓度、溶液初始 pH 值、NO 初始浓度以及 SO_2 初始浓度对 NO 的吸收过程都有显著影响。因此,进一步研究这几种因素对 $Na_2S_2O_8$ 溶液一体化吸收过程中 NO 吸收过程动力学参数的影响。根据 NO 吸收速率计算公式(4.35)计算不同条件下 NO 的吸收速率,结果如图 4.3 所示。图 4.3(a)～(e)分别给出了一体化吸收过程中反应温度、$Na_2S_2O_8$ 浓度、SO_2 浓度、NO 浓度以及溶液初始 pH 值对 NO 吸收速率的影响。其中实验条件分别为:(a)反应温度为 25 ～ 80 ℃,$Na_2S_2O_8$ 浓度为 0.1 mol/L,NO 浓度为 1×10^{-3},溶液 pH 值为 7;(b)反应温度为 60 ℃,$Na_2S_2O_8$ 浓度为 0.01 ～ 0.2 mol/L,NO 浓度为 1×10^{-3},溶液 pH 值为 7;(c)反应温度为 60 ℃,$Na_2S_2O_8$ 浓度为 0.1 mol/L,SO_2 浓度为 6×10^{-4} ～ 1×10^{-3},NO 浓度为 1×10^{-3},溶液 pH 值为 7;(d)反应温度为 60 ℃,$Na_2S_2O_8$ 浓度为 0.1 mol/L,NO 浓度为 6×10^{-4} ～ 1×10^{-3},溶液 pH 值为 7;(e)反应温度为 60 ℃,$Na_2S_2O_8$ 浓度为 0.1 mol/L,NO 浓度为 1×10^{-3},溶液 pH 值为 4.5 ～ 12。

从图4.3(a)中可以看出,反应温度对NO吸收速率有显著的影响。NO吸收速率随着反应温度的升高而增大。从图4.4(a)中还可以看出,当反应温度低于60 ℃时,NO吸收速率虽然随着反应温度的升高不断增加,但是增加幅度较小。当反应温度从25 ℃提升至50 ℃时,NO吸收速率仅从7.891×10^{-7} mol/(m² · s)升高到5.852×10^{-6} mol/(m² · s)。一旦反应温度达到60 ℃,NO吸收速率则迅速升高到2.498×10^{-5} mol/(m² · s)。随着反应温度继续增加到70 ℃和80 ℃,NO吸收速率更是大幅度地分别升高到4.406×10^{-5} mol/(m² · s)和7.838×10^{-5} mol/(m² · s)。从图4.3(a)中NO吸收速率的变化趋势上看,反应温度升高到80 ℃,NO吸收速率不但没有放缓的趋势,反而大幅度提升。这表明随着反应温度的升高,$Na_2S_2O_8$溶液吸收NO的能力逐渐增强。NO吸收速率的这种变化也佐证了3.1.1节中的分析。在此温度条件下,$Na_2S_2O_8$溶液的氧化能力是继续增强的,NO吸收速率也增大,NO平衡浓度的降低幅度减缓主要是由有限的$Na_2S_2O_8$浓度导致的。

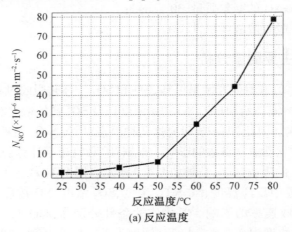

(a) 反应温度

图4.3 主要操作参数对NO吸收速率(N_{NO})的影响

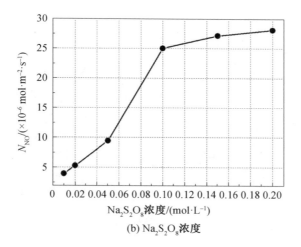

(b) Na$_2$S$_2$O$_8$浓度

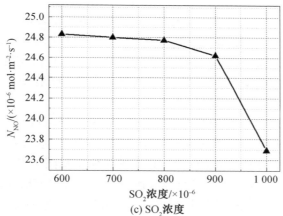

(c) SO$_2$浓度

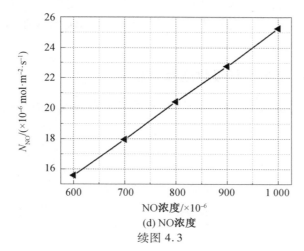

(d) NO浓度

续图 4.3

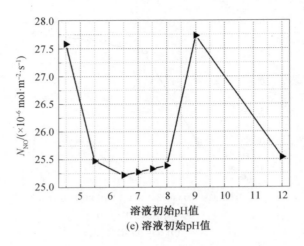

(e) 溶液初始pH值

续图4.3

从图 4.3(b) 和图 4.3(d) 的结果可以看出,当反应温度一定时,随着 $Na_2S_2O_8$ 浓度和 NO 初始浓度的增加,NO 吸收速率逐渐增大。这是因为增加了反应物质的浓度,提高了反应速率,从而提高了 NO 的吸收速率。但是,如图 4.3(c) 所示,SO_2 浓度对 NO 吸收速率有显著影响。随着 SO_2 浓度的增加,NO 吸收速率逐渐降低。NO 吸收速率的这种变化也与3.2.3节所示实验结果相对应。在反应温度和吸收剂浓度恒定的条件下,SO_2 吸收过程对于氧化剂的消耗降低了 NO 对应吸收反应的反应速率,从而使 NO 吸收速率降低。图4.3(e) 给出了不同溶液初始 pH 值对 NO 吸收速率的影响。从图中可以看出,当溶液初始 pH 值从 4.5 升高至 6.5 时,NO 吸收速率随着 pH 值的升高而降低,当溶液初始 pH 值继续从 6.5 升高至 9 时,NO 吸收速率随着 pH 值的升高而提高。当 pH 值继续升高到 12 时,NO 吸收效率又有所下降。这一变化规律与 NO 去除效率随溶液 pH 值的变化规律一致(图3.6),主要与 $Na_2S_2O_8$ 溶液在不同 pH 值下所发生的副反应有关。

4.2.6 反应级数与吸收速率方程

采用实验作图法求解 NO 反应级数 m,将 NO 吸收速率方程式(4.28)整理为

$$\frac{N_{NO} \cdot k_{NO,G}}{H_{NO,L} \cdot (p_{NO,G} \cdot k_{NO,L} - N_{NO})} = \left(\frac{2D_{NO,L} \cdot k_m \cdot c_{NO,i}^{m-1}}{m+1} \right)^{1/2} \tag{4.36}$$

将式(4.23)与式(4.36)联立,可进一步整理得到

$$N_{NO} = \left(\frac{2D_{NO,L} \cdot k_m \cdot c_{NO,i}^{m-1}}{m+1} \right)^{1/2} \tag{4.37}$$

将式（4.37）两边同时取对数并进行线性化处理可得

$$\ln N_{NO} = \frac{1}{2} \cdot \ln \frac{2 \cdot k_m \cdot D_{NO,L}}{m+1} + \frac{m+1}{2} \cdot \ln c_{NO,i} \qquad (4.38)$$

由式（4.38）可知，$\ln N_{NO}$ 与 $\ln c_{NO,i}$ 呈线性关系，取对应线性方程斜率为 $(m+1)/2$。因此，利用图 4.3（d）中数据作图，并对 $\ln N_{NO}$ 与 $\ln c_{NO,i}$ 进行线性拟合，结果如图 4.4 所示。从图 4.4 可以看出，$\ln N_{NO}$ 与 $\ln c_{NO,i}$ 的直线拟合度 $R^2 = 0.999$，斜率 $(m+1)/2 = 0.9467$，求得 $m = 0.9$，取整数 $m = 1$。因此，$Na_2S_2O_8$ 溶液对 NO 吸收过程表现为一级反应。将 $m = 1$ 代入式（4.28）中可最终得到 $Na_2S_2O_8$ 溶液中 NO 吸收速率方程：

$$N_{NO} = p_{NO,G} \left[\frac{1}{k_{NO,G}} + \frac{1}{H_{NO,PS} \left(k_m D_{NO,PS} \right)^{1/2}} \right]^{-1} \qquad (4.39)$$

根据 NO 吸收速率方程式（4.39）的形式可知，NO 吸收速率与 NO 气相分压（即 NO 初始浓度）之间应存在线性关系。因此，利用实验测得 NO 吸收速率（取图 4.3（d）中数据）与 NO 初始浓度进行线性拟合，结果如图 4.5 所示。从图 4.5 可以看出，N_{NO} 与 NO 初始浓度之间线性关系较好，拟合度 $R^2 = 0.999$，即验证了 NO 吸收速率方程式（4.39）所反映的规律。

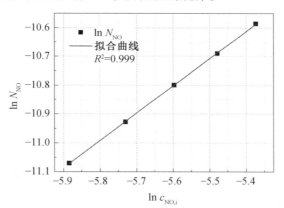

图 4.4　$\ln N_{NO}$ 与 $\ln c_{NO,i}$ 的线性拟合曲线

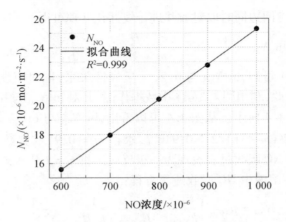

图 4.5　N_{NO} 与 NO 初始浓度线性拟合曲线

4.2.7　传质反应过程分析

根据 NO 吸收速率方程式(4.39)可进一步整理得出 $Na_2S_2O_8$ 溶液吸收 NO 过程反应速率常数 k_m 的计算方程:

$$k_m = (D_{\mathrm{NO,PS}})^{-1} \cdot \left(\frac{p_{\mathrm{NO,G}} \cdot H_{\mathrm{NO,PS}}}{N_{\mathrm{NO}}} - \frac{H_{\mathrm{NO,PS}}}{k_{\mathrm{NO,G}}} \right)^{-2} \tag{4.40}$$

由于反应级数 $m = 1$,八田数 H_a 表达式(4.27)可简化整理为

$$H_a = \frac{\sqrt{k_m \cdot D_{\mathrm{NO,PS}}}}{k_{\mathrm{NO,PS}}} \tag{4.41}$$

对于拟一级不可逆反应,化学增强因子 β 的表达式(4.26)可简化整理为

$$\beta = \frac{H_a}{\tanh H_a} \tag{4.42}$$

根据式(4.39)～(4.42),可计算得出不同吸收工况下的 NO 吸收速率、反应速率常数、八田数和化学增强因子等动力学参数,计算结果如表 4.2 所示。根据双膜理论,八田数 H_a 是表征化学反应速率和传质速率相对大小的准则数,可以用来判定气液反应过程的快慢程度。此外,八田数也是气体吸收过程强化措施选择和反应器选型的关键参考依据。根据八田数的大小,一般可以将气体吸收过程简单地分为三个动力学区域:① 当 $H_a < 0.3$ 时,表示化学反应速率小于传质速率,气体吸收过程处于慢速或者极慢速的区域,化学反应完全在液相主体中进行,此时气体吸收过程主要受控于化学反应;② 当 $0.3 < H_a < 3.0$ 时,化学反应速率与传质速率相近,气体吸收过程处于中速反应区域,化学反应在液相主体和液膜中同时进行,此时化学反应和传质过程同时控制气体吸收过程;③ 当 $H_a > 3.0$ 时,化学反应速率大于传质速率,气体吸收过程处于快速或

者极快速反应动力学区域,化学反应几乎完全在液膜中进行,气体吸收过程主要受控于传质过程。

表 4.2　$Na_2S_2O_8$ 吸收 NO 过程不同实验条件下的动力学参数

实验参数		$E_{NO}/$ %	$N_{NO}/$ ($\times 10^{-6}$ mol · m^{-2} · s^{-1})	$k_m/$ ($\times 10^3$ s^{-1})	H_a	β
反应温度 /℃	25	7.1	0.789	0.006	1.363	1.554
	30	7.3	0.879	0.007	2.599	2.628
	40	21.15	3.165	0.089	4.255	4.257
	50	29.1	5.85	0.210	4.279	4.281
	60	85.4	24.978	2.804	11.070	11.070
	70	95.6	44.055	8.392	12.554	12.554
	80	99.5	78.382	16.560	14.685	14.685
过硫酸钠浓度 /(mol · L^{-1})	0.01	13.45	3.934	0.059	1.564	1.707
	0.02	18.05	5.279	0.102	2.075	2.142
	0.05	32.25	9.432	0.353	3.899	3.902
	0.1	85.4	24.977	2.804	11.070	11.070
	0.15	92.8	27.142	3.674	12.727	12.727
	0.2	96.1	28.107	4.355	13.899	13.899
SO_2 浓度 / $\times 10^{-6}$	600	84.9	24.831	2.771	11.004	11.004
	700	84.8	24.802	2.764	10.991	10.991
	800	84.7	24.773	2.757	10.978	10.978
	900	84.2	24.626	2.725	10.913	10.913
	1 000	81	23.691	2.519	10.493	10.493

续表4.2

实验参数		E_{NO}/%	N_{NO}/($\times 10^{-6}$ mol·m^{-2}·s^{-1})	k_m/($\times 10^3$ s^{-1})	H_a	β
NO 浓度/$\times 10^{-6}$	600	88.7	15.566	3.028	11.504	11.504
	700	87.7	17.955	2.959	11.372	11.372
	800	87.3	20.427	2.932	11.320	11.320
	900	86.5	22.769	2.878	11.214	11.214
	1 000	86.4	25.270	2.871	11.201	11.201
pH 值	4.5	94.3	27.580	3.428	12.240	12.240
	5.5	87.1	25.475	2.918	11.293	11.293
	6.5	86.2	25.211	2.857	11.175	11.175
	7	86.4	25.270	2.871	11.201	11.201
	7.5	86.6	25.328	2.884	11.228	11.228
	8	86.8	25.387	2.898	11.254	11.254
	9	94.8	27.727	3.465	12.306	12.306
	12	87.3	25.533	2.932	11.320	11.320

根据表4.2所示结果,在绝大多数工况条件下$H_a > 3.0$(快速反应区域),只有个别工况条件下$0.3 < H_a < 3.0$(中速反应区域),这说明$Na_2S_2O_8$溶液吸收NO气体的过程基本上处于快速反应动力学区域,可认为是拟一级快速反应。由此,验证了4.2.1节中有关NO吸收速率方程的假设。从表4.2中可以看到,当反应温度低于40 ℃或者$Na_2S_2O_8$浓度小于0.05 mol/L时,$0.3 < H_a < 3.0$,此时$Na_2S_2O_8$溶液吸收NO的过程不符合拟一级快速反应的特征,即NO不能够完全在液膜中吸收。但是,其吸收过程并不属于慢速反应,而是处于动力学的中速区域,即同时受控于化学反应和传质过程,在液膜中的吸收程度较小,通过第3章实验数据也能够发现,无论在何种条件下,较低的反应物温度和氧化剂浓度都不利于难溶NO气体的吸收。但是,一旦反应物温度高于40 ℃,$Na_2S_2O_8$浓度增加到0.05 mol/L时,$Na_2S_2O_8$溶液吸收NO的过程又属于拟一级快速反应。因此,针对船舶发动机在不同工况下的运行,只要适当地调整反应温度和氧化剂浓度就能够保证NO吸收过程的快速进行,从而确保船舶柴油机多工况下的NO和SO_2高效一体化吸收。

4.2.8　NO 吸收速率模型建立及验证

为了更好地实现对于 $Na_2S_2O_8$ 溶液一体化吸收 SO_2 和 NO 体系中 NO 吸收效率的计算以及对应体系的应用设计,对实验数据进行多元非线性回归拟合,从而获得 SO_2 和 NO 一体化吸收过程中不同反应温度、$Na_2S_2O_8$ 浓度、SO_2 浓度、NO 浓度以及溶液初始 pH 值条件下对应的 NO 拟一级快速反应速率常数计算经验模型,如式(4.43) ~ (4.47)所示。

$$k_{m,T} = \exp\left[-4.338\,32 + \ln\left(\begin{array}{l} -0.105\,71 \cdot T^4 + 20.505\,53 \cdot T^3 \\ -1\,376.703\,65 \cdot T^2 \\ +42\,546.536\,95 \cdot T - 472\,934.508\,72 \end{array}\right)\right]$$

$$R^2 = 0.979 \tag{4.43}$$

$$k_{m,PS} = 3\,528.049\,16 - \frac{3\,405.775\,76}{1 + (c_{PS}/0.082\,13)^{4.315\,92}} \quad R^2 = 0.999 \tag{4.44}$$

$$k_{m,SO2} = \left(\begin{array}{l} -5.007\,31 \times 10^{-8} \cdot \varphi_{SO2}^4 + 1.458\,39 \times 10^{-4} \cdot \varphi_{SO2}^3 - \\ 0.158\,55 \cdot \varphi_{SO2}^2 + 76.158\,77 \cdot \varphi_{SO2} - 10\,859.819\,18 \end{array}\right) \quad R^2 = 0.999 \tag{4.45}$$

$$k_{m,NO} = \left(\begin{array}{l} -1.185\,41 \times 10^{-7} \cdot \varphi_{NO}^4 + 3.632\,35 \times 10^{-4} \cdot \varphi_{NO}^3 - \\ 0.413\,07 \cdot \varphi_{NO}^2 + 206.064\,11 \cdot \varphi_{NO} - 35\,173.072\,97 \end{array}\right) \quad R^2 = 0.999 \tag{4.46}$$

$$k_{m,pH} = \left(\begin{array}{l} -4.601\,63 \cdot V_{pH}^5 + 159.129 \cdot V_{pH}^4 - 2\,081.803\,04 \cdot V_{pH}^3 + \\ 12\,727.127\,6 \cdot V_{pH}^2 + 35\,215.517\,2 \cdot V_{pH} + 34\,679.968\,96 \end{array}\right) \quad R^2 = 0.992 \tag{4.47}$$

式中　$k_{m,T}$—— 不同反应温度下的反应速率常数,s^{-1};

T—— 反应温度($25 \leqslant T \leqslant 80$),℃;

$k_{m,PS}$—— 不同 $Na_2S_2O_8$ 浓度下的反应速率常数,s^{-1};

c_{PS}——$Na_2S_2O_8$ 浓度($0.01 \leqslant c_{PS} \leqslant 0.2$),mol/L;

$k_{m,SO2}$—— 不同 SO_2 浓度下的反应速率常数,s^{-1};

φ_{SO2}——SO_2 浓度($600 \leqslant \varphi_{SO2} \leqslant 1\,000$),$\times 10^{-6}$;

$k_{m,NO}$—— 不同 NO 浓度下的反应速率常数,s^{-1};

φ_{NO}——NO 浓度($600 \leqslant \varphi_{NO} \leqslant 1\,000$),$\times 10^{-6}$;

$k_{m,pH}$—— 不同初始 pH 值下的反应速率常数,s^{-1};

V_{pH}—— 溶液初始 pH 值($4.5 \leqslant V_{pH} \leqslant 12$),无量纲。

基于式（4.43）~（4.47）的经验计算模型，利用 NO 吸收速率计算式（4.39）计算了一体化吸收过程中不同反应温度、$Na_2S_2O_8$ 浓度、SO_2 浓度、NO 浓度及溶液初始 pH 值条件下的 NO 吸收速率。将模型计算值与实验值进行对比，验证模型的合理性。图 4.6 所示为 $Na_2S_2O_8$ 溶液一体化吸收过程中不同实验条件下 NO 吸收速率的计算值与实验值的对比。

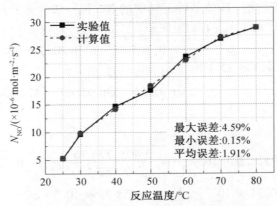

(a) 反应温度为25~80 ℃，$Na_2S_2O_8$浓度为0.1 mol/L，SO_2和NO浓度均为1×10^{-3}，溶液pH值为7

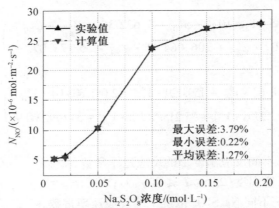

(b) 反应温度为60 ℃，$Na_2S_2O_8$浓度为0.01~0.2 mol/L，SO_2和NO浓度均为1×10^{-3}，溶液pH值为7

图 4.6　$Na_2S_2O_8$ 溶液一体化吸收过程中不同实验条件下 NO 吸收速率的计算值与实验值的对比

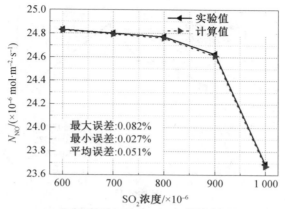

(c) 反应温度为60 ℃，Na₂S₂O₈浓度为0.1 mol/L，
SO₂浓度为$6\times10^{-4}\sim1\times10^{-3}$，NO浓度为$1\times10^{-3}$，
溶液pH值为7

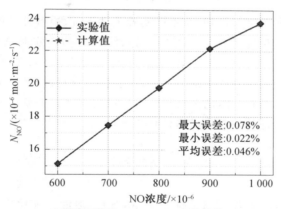

(d) 反应温度为60 ℃，Na₂S₂O₈浓度为0.1 mol/L，
SO₂浓度为1×10^{-3}，NO浓度为$6\times10^{-4}\sim1\times10^{-3}$，
溶液pH值为7

续图 4.6

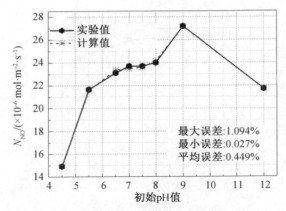

(e) 反应温度为60 ℃，$Na_2S_2O_8$ 浓度为0.1 mol/L，
SO_2 和 NO 浓度均为 1×10^{-3}，溶液pH值为4.5~12

续图 4.6

根据图4.6所示结果可知，在不同实验条件下，由模型计算得到的NO吸收速率值与实验测定值能够保持较好的一致性，计算值与实验值的最大误差为4.59%，最小误差为0.022%，最大平均误差为1.91%，最小平均误差为0.046%，这种误差范围对于气液反应模型而言是可以接受的。因此，所得模型可以用于 $Na_2S_2O_8$ 溶液一体化吸收 SO_2 和 NO 过程中的 NO 吸收速率的计算，能够支撑后续研制反应器过程中的数值模拟和应用研究。

4.3　本章小结

为更加深入地掌握温度激活体系下 $Na_2S_2O_8$ 溶液一体化吸收过程反应机制，明确传质－反应特性，针对现有研究的不足，本章从热力学和宏观动力学两个层面对 $Na_2S_2O_8$ 溶液一体化吸收 SO_2 和 NO 过程进行了分析。从热力学上分析了一体化吸收过程的反应机制，并基于宏观动力学理论详细分析了传质－反应过程和 NO 吸收速率主要影响因素，建立了对应的气－液两相传质－反应动力学模型。主要研究成果如下。

（1）一体化吸收过程中 SO_2 吸收过程及 NO 吸收过程的分步反应热力学研究结果表明，从热力学角度而言，NO 吸收过程为难溶于水的 NO 气体首先被氧化成溶解度相对较高的 NO_2 气体，进入液相之后直接被氧化性物质进一步氧化成相对稳定的硝酸盐。随着反应温度的升高，SO_2 的溶解过程从热力学层面上的正向自发可逆反应逐步转变为逆向自发反应。在 $Na_2S_2O_8$ 溶液一体化吸收过程中，随着温度的增加，SO_2 的吸收越来越依靠溶液的氧化强度，从而抑制解析作用影响,实现高效吸收。SO_2 氧化过程对应反应吉布斯自由能变始终小于 NO 氧化过程对应值,这表明一体化吸收过程中,SO_2 的氧化过程进行趋势要强于 NO 氧化过程。当氧化过程在一体化吸收过程中占据主导地位时,SO_2 的存在必然会对 NO 吸收过程产生不利影响。NO 单独吸收过程以及一体化吸收过程对应总反应热力学研究表明,在整个实验温度区间内,一体化吸收过程总反应对应吉布斯自由能变数值始终小于 NO 单独吸收过程对应值,而平衡常数则始终大于 NO 单独吸收过程对应值。相比于 NO 的单独吸收过程,$Na_2S_2O_8$ 溶液一体化吸收反应正向推进趋势更强且程度更深,一体化吸收过程中 NO 更容易被吸收而形成最终的稳定态物质。

（2）基于宏观动力学理论的 $Na_2S_2O_8$ 溶液一体化吸收 SO_2 和 NO 过程传质－反应特性研究表明,在 $Na_2S_2O_8$ 溶液中,NO 的氧化吸收反应属于拟一级快速反应。NO 吸收速率随着反应温度、$Na_2S_2O_8$ 浓度和 NO 浓度的增大而提高,随着 SO_2 浓度的增大而降低。当溶液初始 pH 值为 9 时,NO 吸收速率最大。所得 $Na_2S_2O_8$ 溶液一体化吸收 SO_2 和 NO 过程中 NO 吸收速率模型具有较好的准确性,模型计算值与实验值的最大误差为 4.59%,最小误差为 0.022%,最大平均误差为 1.91%,最小平均误差为 0.046%。

第 5 章　　新型一体化处理技术性能研究

通过本书第 3、4 章研究,掌握了 $Na_2S_2O_8$ 单一氧化体系一体化吸收 SO_2 和 NO 的主要影响因素和反应机制。第 3、4 章的研究结果表明,温度激活条件下的 $Na_2S_2O_8$ 溶液单一氧化体系虽然能够较好地一体化吸收 SO_2 和 NO 气体,但是其终产物却分别为硫酸盐和硝酸盐。根据船舶废气湿法控制技术的相关法规要求,湿法控制技术所排放的洗涤废水中硝酸盐质量浓度必须低于 0.06 g/L(洗涤废液 45 t/MWh)。因此,采用单一氧化体系直接吸收 SO_2 和 NO 显然不能够满足要求。通过第 1 章的介绍可知,尿素作为一种具备强还原特性的物质,不但可以用于陆地固定源的烟气脱硫脱硝,目前还是船舶 SCR 系统的主要应用试剂。根据船舶应用环境对于吸收试剂的限制,以及硝酸盐排放量的法规要求,本章进一步在 $Na_2S_2O_8$ 单一氧化体系中增添尿素还原剂,构建全新 $Na_2S_2O_8$/尿素复合体系,以期在增强 SO_2 和 NO 吸收的同时,阻断 NO 向氧化过程终产物硝酸盐的转化路径,从而减少洗涤废液中的硝酸盐残留。本章将通过对反应温度、$Na_2S_2O_8$ 浓度、尿素浓度、SO_2 浓度、NO 浓度及溶液初始 pH 值等不同实验条件下全新复合体系一体化吸收 SO_2 和 NO 的实验研究,明确不同实验参数对复合体系气体吸收效率及硝酸盐残留量的影响。首先,利用复合体系进行 NO 单一吸收实验,验证复合体系的 NO 吸收能力及洗涤废液硝酸盐残留量的抑制能力。随后进行复合体系一体化吸收 SO_2 和 NO 实验研究,探究全新复合体系的废气一体化处理能力及不同实验条件下硝酸盐残留量变化规律。根据气体吸收实验结果和液相表征结果,梳理复合体系一体化吸收过程反应路径,分析一体化吸收过程反应机理。

5.1　氧化 – 还原复合体系单独吸收 NO 实验研究

5.1.1　还原剂浓度对 NO 吸收过程的影响

通过第 3 章的研究可知,当 $Na_2S_2O_8$ 浓度为 0.1 mol/L 时,NO 的去除效率在反应温度为 60 ℃ 时相对较低,反应温度为 70 ℃ 和 80 ℃ 时,NO 的去除效率最高。然而,在反应温度为 70 ℃ 和 80 ℃ 时,NO 去除效率较高,很难研究尿素浓度对于 NO 去除效率的影响。因此,研究了 0.1 mol/L 的 $Na_2S_2O_8$ 溶液和不同尿素浓度组成的 $Na_2S_2O_8$/尿素复合溶液,在反应温度为 60 ℃ 的条件下,单独吸收 NO 的过程中 NO 浓度随时间的变化规律,实验结果如图 5.1 所示。图 5.1 中所示实验结果表明,当反应温度为 60 ℃,$Na_2S_2O_8$ 浓度恒定在 0.1 mol/L,尿素浓度在 0.1 ~ 4.0 mol/L 区间内时,NO 平衡浓度随着尿素浓度的增加逐渐降低。在实验研究的尿素浓度区间范围内,相邻尿素浓度的增长对于 NO 平衡浓度的下降只有微弱的促进作用。然而,当尿素浓度为 0.1 mol/L 时,NO 平衡浓度为 1.663×10^{-4}(NO 初始浓度为 $1.026\ 8 \times 10^{-3}$),尿素浓度为 4.0 mol/L 时,NO 平衡浓度为 3.15×10^{-5}(NO 初始浓度为 $1.006\ 5 \times 10^{-3}$),两种尿素浓度条件下所对应的 NO 平衡浓度差别很大。

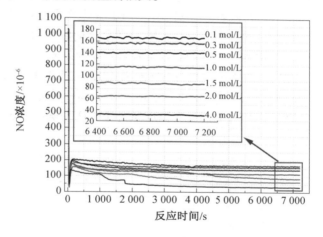

图 5.1　不同尿素浓度条件下 $Na_2S_2O_8$/尿素复合溶液单独吸收 NO 过程中
NO 浓度随时间的变化规律(pH = 7)

根据这两种尿素浓度条件下对应的 NO 平衡浓度对比可知,尿素浓度的升高对 NO 去除效率有积极的影响。造成这一现象的原因如下:当溶液中没有尿素添加时,NO 氧化过程中所生成的亚硝酸盐会通过反应(3.5) ~ (3.7)消耗溶液中的活性自由基,从而导致溶液氧化能力的降低。因此,在没有尿素存在的条件下,NO 平衡浓度相对较高。此外,亚硝酸盐会通过反应(3.10)再次生成 NO,同样导致 NO 平衡浓度的升高。当尿素加入到溶液中时,溶液中的亚硝酸会通过反应(5.1)被尿素消耗掉,导致反应(3.5) ~ (3.7)和(3.10)的反应速率降低,从而降低了亚硝酸对于氧化活性自由基的消耗,强化了 NO 的吸收过程。同时,尿素通过反应(5.2)与 NO 直接发生反应,也能够降低 NO 平衡浓度;尿素通过反应(5.3)与 NO 氧化过程中间产物 NO$_2$ 发生反应,降低了通过反应(3.7)而引发的羟基自由基的额外消耗,并且抑制了通过反应(3.9)和(3.10)进行的 NO 的再生过程。综上所述,尿素的添加通过降低活性自由基的消耗、还原反应强化 NO 的直接吸收以及抑制 NO 的再生等方式降低了 NO 的平衡浓度,从而实现了 NO 的强化吸收。

$$(NH_2)_2CO + 2HNO_2 \longrightarrow 2N_2 + CO_2 + 3H_2O \quad (5.1)$$

$$6NO + 2(NH_2)_2CO \longrightarrow 5N_2 + 2CO_2 + 4H_2O \quad (5.2)$$

$$6NO_2 + 4(NH_2)_2CO \longrightarrow 7N_2 + 4CO_2 + 8H_2O \quad (5.3)$$

5.1.2　反应温度对 NO 吸收过程的影响

第 3 章的研究结果表明,当反应温度在 60 ~ 80 ℃ 的区间内时,Na$_2$S$_2$O$_8$ 溶液吸收 NO 的效果较好。同时,通过尿素浓度对 NO 吸收过程影响的研究表明,尿素浓度达到 2 mol/L 时,尿素添加对 NO 吸收的促进作用已然很大。因此,为了保证 NO 的高效吸收,并且能够更为清晰地考察反应温度对 NO 去除效率的影响,采用 Na$_2$S$_2$O$_8$ 浓度为 0.1 mol/L 以及尿素浓度为 2 mol/L 的复合溶液,在反应温度为 60 ~ 80 ℃ 的条件下进行 NO 的吸收实验,通过不同反应温度下的 NO 平衡浓度对比分析,明确反应温度的影响。图 5.2 所示为 Na$_2$S$_2$O$_8$/ 尿素复合溶液单独吸收 NO 过程中,不同反应温度条件下 NO 平衡浓度随时间的变化规律。

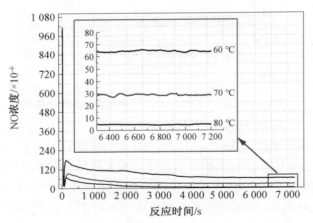

图 5.2　不同反应温度条件下 Na$_2$S$_2$O$_8$/ 尿素复合溶液单独吸收 NO 过程中 NO 浓度随时间的变化规律(pH = 7)

从图 5.2 所示实验结果可知,NO 平衡浓度随着反应温度的升高而逐渐降低。当反应温度为 60 ℃ 时,NO 浓度从初始浓度 9.939×10^{-4} 降低至 $6.4 \times$

10^{-6}；当反应温度升高至 70 ℃ 时，NO 浓度则从初始浓度 $1.012\,7 \times 10^{-3}$ 大幅度降低至 2.83×10^{-5}。当反应温度升高到 80 ℃ 时，NO 平衡浓度则从初始浓度 9.852×10^{-4} 下降到 4.4×10^{-6}，降低幅度虽然逐渐减小，但是 NO 几乎全部去除。导致这种现象的因素如下：① 复合溶液中的 $Na_2S_2O_8$ 对 NO 的吸收有显著的影响。因此，升高反应温度对于 NO 的去除与 $Na_2S_2O_8$ 溶液单独吸收 NO 的变化相似。从 3.1.3 节图 3.3 可以看出，当反应温度从 60 ℃ 升高到 70 ℃ 时，利用 $Na_2S_2O_8$ 溶液单独吸收 NO 时，NO 去除效率明显增强，而当反应温度从 70 ℃ 升高到 80 ℃ 时，NO 去除效率则增长幅度减缓，但是 NO 去除效率接近 100%。随着反应温度的升高，$Na_2S_2O_8$ 激活程度逐渐增强，溶液中活性自由基浓度逐渐升高，溶液氧化能力增强，NO 氧化吸收过程逐渐得到强化，但是受有限 NO 浓度条件制约，其变化幅度相对减小。② 混合溶液中的尿素在水溶液中会发生水解反应（5.4）。虽然反应（5.4）为放热反应，化学平衡转化率随反应温度的变化而变化，但其反应速率随反应温度的升高而增大。通过反应（5.4）进行的尿素水解产物氨基甲酸铵与尿素相比将更加容易通过反应（5.5）与亚硝酸进行反应，更加容易降低反应（3.5）～（3.7）和（3.10）的反应速率，从而降低 NO 平衡浓度。

$$(NH_2)_2CO + H_2O \longrightarrow NH_2COONH_4 \tag{5.4}$$

$$NH_2COONH_4 + 2HNO_2 \longrightarrow 2N_2 + CO_2 + 4H_2O \tag{5.5}$$

5.1.3　反应温度和还原剂浓度对 NO 吸收过程的综合影响

根据前两节的实验结果，在保证较好 NO 去除效果的前提下，为了更好地明确反应温度和尿素浓度对 NO 去除效率的影响，研究了反应温度在 60 ～ 80 ℃ 区间内不同尿素浓度（0 ～ 4 mol/L）对 NO 去除效率的影响。图 5.3 所示为 $Na_2S_2O_8$/尿素复合溶液单独吸收 NO 过程中，在不同反应温度及恒定 $Na_2S_2O_8$ 浓度条件下，不同尿素添加量对 NO 去除效率的影响。从图 5.3 所示实验结果可以看出，在尿素浓度高于 0.5 mol/L、反应温度为 60 ℃，尿素浓度高于 1 mol/L、反应物温度为 70 ℃，尿素浓度高于 2 mol/L、反应温度为 80 ℃ 的条件下，NO 去除效率随着尿素浓度的增加而升高。当反应物温度为 60 ℃，尿素浓度低于 0.5 mol/L 时，尿素的添加并没有对 NO 去除效率产生积极的影响，反而会降低 NO 的去除效率。提高 NO 去除效率所需要的尿素浓度随着反应温度的变化而变化。产生这种现象的原因如下：① 尿素与 $Na_2S_2O_8$ 之间的氧化还原反应（5.6）降低了 $Na_2S_2O_8$ 活化反应（3.1）的反应速率，导致当尿素浓度较低时，NO 去除效率较低。② 在 60 ～ 80 ℃ 的水溶液或酸性溶液中，亚稳态的尿素会通过反应（5.7）进一步水解生成铵根离子和碳酸根离子，从而弱化了尿素的添加对 NO 去除效率的促进作用。当反应温度为 60 ℃,尿素浓度高于 0.5 mol/L 时,反应(5.7)的反应速率非常低,过量的尿素倾向于通过反应(5.1)~(5.3)与亚硝酸、NO 和 NO$_2$ 发生反应而对氧化还原反应(5.6)不产生影响,从而导致 NO 去除效率随着尿素浓度的增加而升高。在反应温度为 60 ℃ 的条件下,尿素水解作用对 NO 去除效率影响不大,但氧化还原反应主要抑制了尿素添加对 NO 去除效率的促进作用。

$$S_2O_8^{2-} + (NH_2)_2CO \longrightarrow [(NH_2)_2CO]^{\cdot} + SO_4^{\cdot-} + HSO_4^- \tag{5.6}$$

$$(NH_2)_2CO + 2H_2O \longrightarrow 2NH_4^+ + CO_3^{2-} \tag{5.7}$$

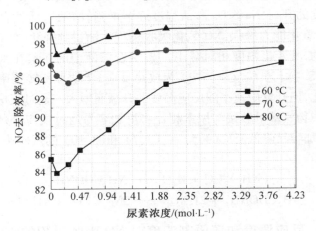

图 5.3   反应温度及尿素浓度对 Na$_2$S$_2$O$_8$/尿素复合溶液
单独吸收 NO 过程的影响(pH = 7)

当反应温度升高至 70 ℃ 时,反应(5.6)和(5.7)的反应速率同时提升。尽管反应(5.7)的反应速率提升幅度不大,但是水解作用对 NO 去除效率的影响却被增强。在反应温度为 70 ℃ 的条件下,尿素引发的氧化还原反应及水解反应同时抑制了尿素对 NO 去除效率的促进作用。因此,在此温度条件下,当尿素浓度高于 1 mol/L 时,NO 去除效率随着尿素浓度的增加而升高。一旦反应温度升高到 80 ℃,反应(5.7)的反应速率迅速增加并且增加幅度较大。因此,当反应温度升高到 80 ℃ 时,尿素水解反应对于 NO 去除效率的抑制作用非常明显,从而导致在本书实验研究的尿素浓度范围内,尿素添加对于 NO 去除效率只有很微弱的促进作用。尽管随着反应温度的升高,反应(5.6)和(5.7)的反应速率提升,但是提升幅度有限。当尿素浓度足够抑制氧化还原反应和水解反应时,NO 去除效率仍随反应温度的升高而升高。

从图 5.3 中所示实验结果还可以看出,当反应温度为 70 ℃ 和 80 ℃,尿素浓度高于 2 mol/L 时,NO 去除效率随着尿素浓度的增加而有小幅度提升。然而，当反应温度为 60 ℃，尿素浓度高于 2 mol/L 时，NO 去除效率随着尿素浓度的继续增加有很明显的增加。这是由恒定的过硫酸钠浓度所导致的。当反应温度为 60 ℃ 时，过硫酸根离子并没有被反应(3.1) 全部消耗。因此，当尿素浓度高于 2 mol/L 时，继续增加尿素浓度则明显增加了反应(5.1) ～ (5.5) 的反应速率，导致氧化性自由基的消耗量降低，强化了 NO 的氧化吸收过程和还原吸收过程，从而导致 NO 去除效率的增加。然而，当反应温度升高到 70 ℃ 和 80 ℃ 时，过硫酸根离子被大幅度激活分解，高于 2 mol/L 的尿素浓度对于 NO 去除效率的促进作用变得很小。

表 5.1 给出了不同反应温度、不同尿素浓度条件下，复合溶液单独吸收 NO 过程溶液中的亚硝酸盐和硝酸盐含量。国际海事组织(IMO) 和中国船级社明确规定，船舶洗涤系统洗涤废水中硝酸盐的质量浓度不能超过 0.060 g/L（洗涤废液 45 t/MWh）。从表 5.1 所示的亚硝酸盐和硝酸盐离子浓度检测结果看，当 NO 去除效率相近时，与未添加尿素时的硝酸盐含量相比，足够的尿素添加能够非常显著地降低溶液中的硝酸盐含量。这是由于溶液中的尿素不仅与亚硝酸盐发生反应，降低了最终溶液中的硝酸盐含量，还能够通过反应(5.8) 和(5.9) 直接与硝酸盐反应，进一步降低溶液中硝酸盐的含量。

$$5\,(NH_2)_2CO + 6HNO_2 \longrightarrow 8N_2 + 5CO_2 + 13H_2O \tag{5.8}$$
$$5NH_2COONH_4 + 6HNO_2 \longrightarrow 8N_2 + 5CO_2 + 18H_2O \tag{5.9}$$

当反应温度为 60 ℃，未添加尿素时，溶液中的硝酸盐残留质量浓度为 0.162 834 g/L。当尿素浓度高于 0.5 mol/L 时，尿素含量的增加不仅提高了 NO 的去除效率，还降低了溶液中的硝酸盐的残留量。当尿素浓度为 4 mol/L 时，溶液中的硝酸盐残留质量浓度为 0.052 793 g/L，低于规定值 0.06 g/L。因此，在尿素浓度足够的条件下，当反应温度为 70 ℃，NO 处理效率相近时，溶液中硝酸盐的残留量完全能够满足法规要求。在反应温度达到 80 ℃ 并且尿素浓度为 0.1 mol/L 的条件下，溶液中硝酸盐的残留质量浓度高于 0.06 g/L。造成这一结果的原因是，在低浓度尿素条件下，由尿素引发的较强的氧化还原反应及水解反应抑制了尿素与亚硝酸盐和硝酸盐之间的反应，从而导致了溶液中硝酸盐的残留量变高。然而，当反应温度为 80 ℃，尿素浓度高于 0.1 mol/L 时，溶液中硝酸盐残留质量浓度则低于 0.06 g/L。从表 5.1 所示 60 ℃ 和 70 ℃ 条件下对应硝酸盐含量的对比中可以看出，虽然尿素的水解速率随着温度的升高而增大，但尿素还原亚硝酸盐和硝酸盐的速率也随之增大。并且后者的提升幅度较大，从而导致溶液中硝酸盐残留量显著降低。当反应温度升高到 80 ℃ 时，尿素的水解速率进一步增强，从而导致溶液中的硝酸盐含量升高。

表 5.1　不同反应温度、不同尿素浓度条件下 NO 吸收洗涤液中亚硝酸盐和硝酸盐含量

反应温度/℃	尿素质量浓度/ ($\times 10^{-3}$ g $\cdot$ L^{-1})	NO_2^- 质量浓度/ ($\times 10^{-3}$ g $\cdot$ L^{-1})	NO_3^- 质量浓度/ ($\times 10^{-3}$ g $\cdot$ L^{-1})
60	0	0	162.834
	0.1	0.341	28.396
	0.3	0.464	30.716
	0.5	1.133	45.609
	1	0.987	62.868
	1.5	0.676	75.998
	2	3.843	71.220
	4	1.996	52.793
70	0	0	191.58
	0.1	0.8	49.75
	0.3	1.47	22.21
	0.5	0.63	21.51
	1	0.87	7.68
	1.5	0.67	8.65
	2	1.31	9.82
	4	1.23	9.45
80	0	0	194.54
	0.1	0.73	82.91
	0.3	0.96	49.97
	0.5	0.71	40.17
	1	0.6	16.83
	1.5	1.04	15.59
	2	1.42	13.50
	4	1.06	14.93

5.1.4　氧化剂浓度对 NO 吸收过程的影响

通过 3.2.2 节的研究可知，一体化吸收过程中，溶液氧化特性对于 NO 的吸收有主要作用，因此需要考虑复合溶液中 $Na_2S_2O_8$ 浓度对 NO 吸收过程的影响。上述研究结果表明，当反应温度为 70 ℃，尿素浓度为 2 mol/L 时，$Na_2S_2O_8$/

尿素复合溶液不但能够提升 NO 的去除效率,还能够明显降低溶液中的硝酸盐残留量。因此,图 5.4 给出了反应温度为 70 ℃,尿素浓度为 2 mol/L 条件下,不同 $Na_2S_2O_8$ 浓度(0.01 ~ 0.2 mol)对复合溶液吸收 1×10^{-3} NO 过程中 NO 去除效率的影响。

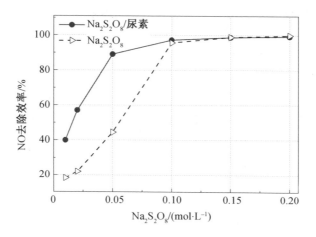

图 5.4 $Na_2S_2O_8$ 浓度对 $Na_2S_2O_8$/ 尿素复合溶液对单独
吸收 NO 过程的影响(pH = 7)

从图 5.4 所示结果可以看出,NO 去除效率随着 $Na_2S_2O_8$ 浓度的增加而升高。当 $Na_2S_2O_8$ 浓度低于 0.1 mol/L 时,$Na_2S_2O_8$ 浓度的增加会明显导致 NO 去除效率的升高。一旦 $Na_2S_2O_8$ 浓度高于 0.1 mol/L 时,NO 去除效率提升幅度随 $Na_2S_2O_8$ 浓度增加将不再明显。从图 5.4 中所示的 70 ℃ 下 $Na_2S_2O_8$ 溶液单独吸收 NO 时 $Na_2S_2O_8$ 浓度对 NO 去除效率的影响与复合溶液单独吸收 NO 过程对应 NO 去除效率的对比结果可以看出,相比于 70 ℃ 下的 $Na_2S_2O_8$ 溶液单独吸收 NO 过程,当 $Na_2S_2O_8$ 浓度低于 0.1 mol/L 时,尿素的添加能够明显促进 NO 去除效率。然而,当 $Na_2S_2O_8$ 浓度高于 0.1 mol/L 时,NO 去除效率随着 $Na_2S_2O_8$ 浓度的增加则出现微弱的降低。这是因为当 $Na_2S_2O_8$ 浓度高于 0.1 mol/L 时,$Na_2S_2O_8$ 浓度的增加促进了反应(5.6)的发生,从而弱化了尿素对 NO 去除效率的促进作用。

5.1.5   NO 初始浓度对 NO 吸收过程的影响

图 5.5 给出了反应温度为 70 ℃,$Na_2S_2O_8$/ 尿素复合溶液($Na_2S_2O_8$ 浓度为 0.1 mol/L,尿素浓度为 2 mol/L)单独吸收 NO 过程中,不同 NO 初始浓度(6×10^{-4} ~ 1×10^{-3})对 NO 去除效率的影响。从图 5.5 中可以看出,随着 NO 初始浓度的增加,NO 去除效率逐渐降低。这是由于当 NO 浓度升高时,NO 气体分

压逐渐增大,气 – 液传质过程得到增强,从而增加了单位时间内通过反应器的气体分子数量。然而,复合溶液中 $Na_2S_2O_8$ 和尿素的浓度都是恒定的,在相同的反应温度条件下,有效的氧化物质浓度和还原物质浓度有限,对应过程的反应速率不变。当气体分子数量增加时,有效反应物质和气体分子之间的摩尔比率相对减少。因此,NO 去除效率会随着 NO 气体浓度的增加逐渐降低。

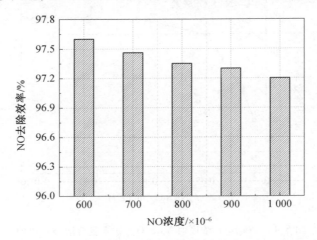

图 5.5　$Na_2S_2O_8$/尿素复合溶液中 NO 初始浓度对 NO 去
除效率的影响(pH = 7)

5.1.6　初始 pH 值对 NO 吸收过程的影响

研究表明,过硫酸钠或者尿素溶液的初始 pH 值对 NO 的去除效率有显著的影响。根据本书研究的上述实验结果,为明确复合溶液初始 pH 值对 NO 去除效率的影响并确保溶液硝酸盐残留量满足排放要求,在尿素浓度为 4 mol/L,过硫酸钠浓度为 0.1 mol/L,反应物温度为 60 ℃ 的条件下,详细研究了溶液初始 pH 值对 NO 去除效率的影响,结果如图5.6所示。从图5.6所示结果可以看出,溶液初始 pH 值在 4.5 ~ 9 范围内时,酸性环境并没有提高 NO 去除效率。当溶液初始 pH 值高于7时,NO 去除效率随着 pH 值的增大而增加。然而,一旦溶液初始 pH 值高于9,则 NO 去除效率随着溶液初始 pH 值的增大而降低。对比图3.6所示实验结果不难发现,$Na_2S_2O_8$/尿素复合溶液初始 pH 值对 NO 去除效率的影响规律与单独 $Na_2S_2O_8$ 溶液初始 pH 值对 NO 吸收效率的影响规律相似,只在酸性环境下 NO 去除效率变化规律有所不同。这说明复合溶液 pH 值对 NO 去除效率的影响主要也是由 $Na_2S_2O_8$ 特性变化所导致的。因此,导致图5.6所示实验结果的原因如下。

当溶液中没有尿素添加时,在此温度条件下,过硫酸根的酸催化分解遵循

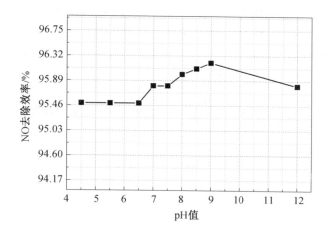

图 5.6　$Na_2S_2O_8$／尿素复合溶液不同初始 pH 值对 NO 吸
收过程的影响(pH = 4.5 ~ 12)

反应(3.13) 和(3.15),在酸性较强环境下反应(3.13) 更容易发生,从而通过反应(3.14)、(3.16)、(3.17) 以及(3.18) 增强溶液氧化能力,强化 NO 的吸收过程,进而提高了 NO 去除效率。而在尿素存在的条件下,当反应(3.13) 发生后,尿素会通过反应(5.10) 改变溶液酸度,弱化反应(3.14)、(3.16)、(3.17) 以及(3.18) 的进程,尤其在尿素浓度过量的条件下,这种弱化作用将被增强,从而降低了复合溶液的氧化能力。因此,当溶液初始 pH 值为 4.5 时,复合溶液对应的 NO 去除效率并没有采用单一 $Na_2S_2O_8$ 溶液对应的 NO 去除效率得到提升。而随着溶液 pH 值的升高,反应(3.13) 的反应速率降低,从而降低了反应(5.10) 的反应速率。同时,由反应(3.15) 所引发的 $Na_2S_2O_8$ 弱酸环境下的降解过程开始逐渐增强,$Na_2S_2O_8$ 的消耗降低了溶液的氧化能力。但是,由于反应(5.10) 反应速率的降低,尿素引发的还原过程的强化作用开始显现,从而弥补了 $Na_2S_2O_8$ 降解所引发的复合溶液氧化能力降低的缺陷。当 pH 值低于 7 时,随着溶液初始 pH 值的升高,NO 去除效率并没有较大的波动。但是,酸性环境下所引发的还原剂消耗和氧化剂的消耗过程依然存在。因此,在实验所研究的酸性环境下,NO 去除效率并没有提高,且始终低于溶液初始 pH 值为 7 时的对应值。

$$(NH_2)_2CO + H_2O + 2HSO_4^- \longrightarrow 2NH_4^+ + 2SO_4^{2-} + CO_2 \qquad (5.10)$$

但是,当复合溶液初始 pH 值高于 7 时,过硫酸根在碱性条件下与氢氧根发生反应(3.19),并且反应(3.19) 的反应速率要高于反应(3.2) 的反应速率,且并没有因为尿素的添加而受到影响。羟基自由基的氧化能力要优于过硫酸根自由基的氧化能力,导致碱性环境下复合溶液中羟基自由基数量的增加,从而导致复合溶液氧化能力增强。因此,当复合溶液初始pH值从7升高到9时,NO去除效率由96.8%升高到97.2%。然而,当复合溶液初始pH值高于9时,反应(3.20)所生成的惰性氧自由基同样弱化了溶液的氧化能力,导致NO氧化吸收过程减弱,从而使NO去除效率降低。

5.2 氧化–还原复合体系一体化吸收 SO_2 和 NO 实验研究

5.2.1 反应温度对 SO_2 和 NO 一体化吸收过程的影响

图5.7给出了在 $Na_2S_2O_8$ 浓度为0.1 mol/L,尿素浓度为2 mol/L,NO浓度和 SO_2 浓度为 1×10^{-3} 条件下, $Na_2S_2O_8$/尿素溶液一体化吸收 SO_2 和 NO 时反应温度(25 ~ 80 ℃)对 SO_2 和 NO 去除效率的影响。此外,将 $Na_2S_2O_8$ 溶液 SO_2 和 NO 一体化吸收过程所对应的 SO_2 和 NO 去除效率曲线加入图5.7中作为对比。从图5.7中可以看出,利用 $Na_2S_2O_8$/尿素复合溶液进行一体化吸收时,在反应温度低于60 ℃的条件下,随着反应温度的升高, SO_2 去除效率首先下降随后又上升,并且始终高于单独使用 $Na_2S_2O_8$ 溶液时的对应值。这是由于尿素通过反应(5.11)引发的中和作用明显地强化了 SO_2 的吸收。因此,复合溶液一体化吸收过程对应的 SO_2 去除效率即使在实验温度区间内有所波动,但是始终高于单一 $Na_2S_2O_8$ 溶液一体化吸收过程对应值。

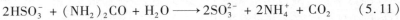

$$2HSO_3^- + (NH_2)_2CO + H_2O \longrightarrow 2SO_3^{2-} + 2NH_4^+ + CO_2 \qquad (5.11)$$

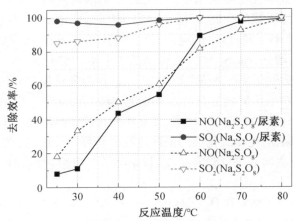

图5.7　反应温度对 $Na_2S_2O_8$/尿素复合溶液 SO_2 和 NO
一体化吸收过程的影响(pH = 7)

当反应温度为 25 ℃ 和 30 ℃ 时,在 $Na_2S_2O_8$/尿素复合溶液一体化吸收过程中,SO_2 的氧化过程主要通过反应(3.28)和(3.29)进行,而 SO_2 的中和过程主要通过反应(5.11)进行,并且这两种过程都进行得较为缓慢。这就意味着 SO_2 的吸收过程还是会受到 SO_2 解析作用的影响。当反应温度从 25 ℃ 升高到 30 ℃ 时,反应(3.28)、(3.29)和(5.11)的反应速率有轻微提升,强化了 SO_2 的吸收过程,但是 SO_2 解析过程的增强更为明显,从而导致了 SO_2 处理效率的降低。当反应温度升高到 40 ℃ 时,尽管通过反应(3.23)~(3.27)进行的 SO_2 氧化过程的增强以及反应(5.11)的反应速率的提升,同时强化了 SO_2 吸收过程,但是 SO_2 解析作用的一体化增强还是处于优势地位。因此,SO_2 的处理效率继续下降。然而,当反应温度升高到 50 ℃ 时,SO_2 吸收过程的强化幅度要高于 SO_2 解析作用的强化幅度。因此,SO_2 的去除效率开始升高。

与 SO_2 变化规律不同的是,从图 5.7 中可以看出,当反应温度低于 60 ℃ 时,$Na_2S_2O_8$/尿素复合溶液一体化吸收过程对应的 NO 去除效率始终低于 $Na_2S_2O_8$ 溶液一体化吸收过程的对应值,并且随着反应温度的升高而提升。这种现象产生的原因是,尿素的添加通过反应(5.1)~(5.3)强化了 NO 的吸收,但是由尿素添加引发的通过反应(5.11)进行的 SO_2 中和过程强化了 SO_2 的吸收。通过 4.1.2 节的热力学分析可知,SO_2 的氧化过程始终要强于 NO 的氧化过程。因此,SO_2 中和过程所导致的 SO_2 氧化过程的强化,增加了 SO_2 吸收过程对于氧化剂的消耗,从而弱化了 NO 的吸收,导致较低的 NO 去除效率。当反应温度为 25 ℃ 和 30 ℃ 时,反应(5.1)~(5.3)的反应速率较低,NO 的吸收过程主要依靠反应(3.8)~(3.10)进行。由于 SO_2 吸收过程中对氧化物质的消耗,即使反应(3.8)~(3.10)的反应速率随着反应温度的升高而有所提升,NO 去除效率也只是随着反应温度的提升略有增长。当反应温度升高到 40 ℃ 和 50 ℃ 时,$Na_2S_2O_8$ 逐渐被激活,NO 的吸收逐渐向以反应(3.3)~(3.7)主导的氧化过程靠近。同时,反应(5.1)~(5.3)的反应速率也逐渐增加。因此,NO 去除效率大幅度增长。然而,由于有限的反应速率增幅以及 SO_2 氧化过程的竞争消耗,复合溶液对应的 NO 去除效率虽然逐渐向单独使用 $Na_2S_2O_8$ 溶液对应的 NO 去除效率靠近,但是仍然低于后者。

当反应温度升高到 60 ℃ 时,反应(3.1)的反应速率显著提升,提高了反应(3.23)~(3.27)的反应速率,从而强化了 SO_2 的氧化过程。同时,在此温度条件下,反应(5.11)的反应速率也同样进一步提升,强化了 SO_2 的中和过程。因此,大幅度强化的 SO_2 吸收过程强于 SO_2 解析过程,从而导致 SO_2 去除效率直接达到 100%。在这样的温度条件下,NO 的氧化过程以反应(3.3)~(3.7)为主,并且反应(5.1)~(5.3)的反应速率也同样显著提升,大幅度促进了 NO 的吸收。因此,在反应温度为 60 ℃ 的条件下,$Na_2S_2O_8$/ 尿素复合溶液一体化吸收过程对应的 NO 去除效率不仅大幅度提升至 89.3%,并且高于 $Na_2S_2O_8$ 溶液一体化吸收过程对应的 NO 去除效率 81.8%。随着反应温度继续升高到 70 ℃ 和 80 ℃,SO_2 去除效率始终维持在 100%,并且 NO 去除效率继续升高,当反应温度为 80 ℃ 时,NO 去除效率达到 99.1%。

5.2.2 还原剂浓度对 SO_2 和 NO 一体化吸收过程的影响

图 5.8 给出了反应温度为 60 ℃,$Na_2S_2O_8$ 浓度为 0.1 mol/L,SO_2 浓度为 1×10^{-3} 条件下,不同尿素浓度(0 ~ 4 mol/L)对 $Na_2S_2O_8$/ 尿素复合溶液一体化吸收 SO_2 和 NO 过程的影响。此外,图 5.8 中加入了 $Na_2S_2O_8$/ 尿素复合溶液单独吸收 NO 过程中不同尿素浓度条件下的 NO 去除效率值作为对比。当反应温度为 60 ℃ 时,在没有尿素添加的条件下,充足的 $Na_2S_2O_8$ 浓度和良好的激活程度能够实现 SO_2 的全部吸收。在有尿素添加的条件下,中和过程也能够强化 SO_2 的吸收。因此,从图 5.8 中可以看出,在整个实验的尿素浓度范围内,SO_2 的去除效率没有任何变化,始终恒定在 100%。

从图 5.8 所示结果可以看出,当溶液中没有添加尿素时,$Na_2S_2O_8$ 溶液单独吸收 NO 的效率高于一体化吸收 SO_2 和 NO 时对应的效率值。这种现象正如 3.2.1 节分析,在此种温度条件下,$Na_2S_2O_8$ 溶液一体化吸收过程中,SO_2 和 NO 的吸收过程都主要依赖于氧化过程,SO_2 对于氧化剂的竞争消耗导致 NO 去除效率降低。但是,当溶液中添加尿素时,SO_2 和 NO 的吸收过程则涵盖了多种反应路径。当尿素浓度在 0.1 ~ 1 mol/L 区间内,随着尿素浓度的增加,一体化吸收过程对应的 NO 去除效率逐渐升高。此外,通过图 5.8 所示两种过程对应的 NO 去除效率对比可以发现,随着尿素浓度的升高,一体化吸收过程的 NO 去除效率值始终高于单独 NO 吸收过程的对应值。但是这种差距随着尿素浓度的增加而逐渐减小,当尿素浓度达到 1 mol/L 时,一体化吸收过程的优势变得极小。这是因为当溶液中加入尿素时,在 SO_2 存在的条件下,尿素所引发的 SO_2 中和过程避免了 SO_2 单独依靠氧化反应吸收的状况,从而实现了对于 SO_2 多路径的吸收。

正是由于 SO_2 中和过程的出现,即使在 $Na_2S_2O_8$ 得到较好激活的条件下,反应(3.30)也强化了 NO 的吸收,从而强化了一体化吸收过程中 NO 的吸收。此外,虽然在尿素浓度较低时,反应(5.1)、(5.3)、(5.4)及(5.5)对于亚硝酸盐的去除也同样存在,同样能够促进 NO 的吸收,但是,反应(5.6)、(5.7)和(5.12)的存在,对 $Na_2S_2O_8$ 引发的氧化过程和尿素引发的还原过程都有不利的影响,从而限制了 NO 的吸收。从图 5.8 所示的实验结果可以看出,当尿素浓度

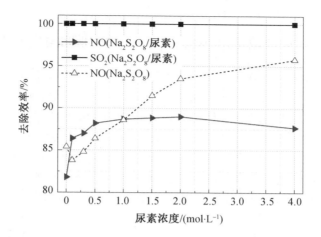

图 5.8　尿素浓度对 $Na_2S_2O_8$/尿素复合溶液 SO_2 和 NO
一体化吸收过程的影响(pH = 7)

从 0.1 mol/L 升高到 1 mol/L 时,反应(3.30)所引发的促进作用占据优势,而尿素及氧化剂的消耗所产生的负面影响较小。因此,随着尿素浓度的增加,一体化吸收过程对应的 NO 去除效率逐渐增加,且高于复合溶液单独吸收 NO 的对应效率值。但是,尿素及氧化剂消耗所导致的负面影响随着尿素浓度的提高逐渐增强,导致这种优势逐渐减弱。当尿素浓度增加到 1 mol/L 时,复合溶液一体化吸收 SO_2 和 NO 过程中的 NO 去除效率为 88.7%,复合溶液单独吸收 NO 过程对应的 NO 去除效率为 88.6%,两种过程中对应的 NO 去除效率相差很小。随着尿素浓度的继续增加,定浓度 SO_2 通过反应(3.30)对 NO 吸收的促进作用依然存在,但逐渐减小。虽然尿素主导的对 NO、亚硝酸盐和硝酸盐的还原吸收过程随着尿素浓度的增加逐渐强化,但由于反应(5.6)的存在增加了氧化剂的消耗。

$$NH_2COONH_4 + 2H^+ \longrightarrow 2NH_4^+ + CO_2 \qquad (5.12)$$

当尿素浓度从 1 mol/L 升高到 2 mol/L 时,对于复合溶液一体化吸收过程而言,SO_2 存在条件下所起到的 NO 吸收促进作用以及尿素主导还原过程对于 NO 的吸收促进作用依然占据优势,所以一体化吸收过程对应的 NO 去除效率仍然继续升高,其升高幅度却逐渐减弱。对比复合溶液单独吸收过程的 NO 去除效率值,正是由于 SO_2 强化吸收以及尿素添加所引发的氧化性物质的额外消耗增加,当尿素浓度高于 1 mol/L 时,复合溶液一体化吸收过程对应的 NO 去除效率始终低于单独吸收过程对应的效率值。随着尿素浓度从 2 mol/L 升高至 4 mol/L,尿素对于定浓度氧化剂的消耗增强,SO_2 强化吸收后对于氧化剂的消耗也增强,而尿素引发的还原作用增强幅度有限。因此,复合溶液氧化能力的降低导致 NO 去除效率的下降。

5.2.3 氧化剂浓度对 SO_2 和 NO 一体化吸收过程的影响

图 5.9 给出了反应温度为 60 ℃,尿素浓度为 2 mol/L,NO 浓度和 SO_2 浓度为 1×10^{-3} 条件下,不同 $Na_2S_2O_8$ 浓度($0 \sim 0.2$ mol/L)对 $Na_2S_2O_8$/尿素复合溶液一体化吸收 SO_2 和 NO 过程的影响。此外,$Na_2S_2O_8$ 溶液一体化吸收过程的效率曲线也同样示于图 5.9 中作为对比。从图 5.9 中可以看出,当仅采用尿素进行一体化吸收而并没有添加 $Na_2S_2O_8$ 时,SO_2 去除效率仍然能够达到100%,但是 NO 的去除效率非常低,仅有 9.8%。这是由于 SO_2 主要通过反应(5.11)实现中和吸收,而 NO 则主要通过反应(5.2)实现吸收。在此反应条件下,反应(5.11)的反应速率足够高,并且反应(3.30)抑制了 SO_2 溶解反应的逆向进行,以至于能够克服 SO_2 解析作用的影响,实现 SO_2 的全部吸收。然而,由于尿素与 SO_2 之间较强的反应,NO 的吸收过程则变得很微弱,即使反应(3.30)存在,也无法更大幅度地促进 NO 的吸收。随着 $Na_2S_2O_8$ 的加入,溶液氧化能力得到提升,强化了通过反应(3.1) $\sim$ (3.7)以及反应(3.23) $\sim$ (3.27)而进行的 NO 和 SO_2 氧化吸收过程。 因此,当 $Na_2S_2O_8$ 从 0.01 mol/L 升高至 0.02 mol/L 时,复合溶液对应的 SO_2 去除效率始终恒定在100%,并且高于 $Na_2S_2O_8$ 溶液一体化吸收过程对应的去除效率值。

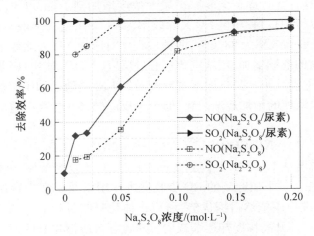

图 5.9 $Na_2S_2O_8$ 浓度对 $Na_2S_2O_8$/尿素复合溶液一体化
吸收 SO_2 和 NO 过程的影响(pH = 7)

此外,在尿素和 $Na_2S_2O_8$ 的耦合作用下,$Na_2S_2O_8$/尿素复合溶液对应的 NO 去除效率同样也有明显增加,并且高于 $Na_2S_2O_8$ 溶液一体化吸收过程对应的去除效率值。随着 $Na_2S_2O_8$ 浓度的继续增加,SO_2 去除效率仍保持在 100%。$Na_2S_2O_8$ 浓度从 0.02 mol/L 升高到 0.05 mol/L 时,NO 去除效率从 33.4% 升高到 60.6%,并且当 $Na_2S_2O_8$ 浓度继续升高到 0.1 mol/L 时,NO 去除效率升高到 89%。随着 $Na_2S_2O_8$ 浓度的增加,$Na_2S_2O_8$/尿素复合溶液一体化吸收过程对应的 NO 去除效率增长幅度并不明显,但是 $Na_2S_2O_8$ 溶液一体化吸收过程对应的 NO 去除效率明显增加。究其原因是在尿素存在时,反应器内气泡尺寸大小对 NO 去除效率的影响不明显,NO 去除效率的主要影响因素为 $Na_2S_2O_8$ 浓度。从图 5.9 中同样可以看出,当 $Na_2S_2O_8$ 浓度从 0.1 mol/L 增加到 0.15 mol/L 时,与单独使用 $Na_2S_2O_8$ 溶液相比,复合溶液对应的 NO 去除效率增加不大。即使当 $Na_2S_2O_8$ 浓度增加到 0.2 mol/L 时,$Na_2S_2O_8$/尿素复合溶液一体化吸收过程对应的 NO 去除效率也要略微低于使用 $Na_2S_2O_8$ 溶液一体化吸收过程对应值。这种现象产生的原因是,随着 $Na_2S_2O_8$ 浓度的增加,反应(3.1)的反应速率得到提升,从而提高了反应(3.2)的反应速率,这增加了反应(5.12)的反应速率,进而弱化了尿素主导的 NO 吸收促进作用。同时,反应(5.6)反应速率的增加同样也降低了溶液的氧化能力。

5.2.4 SO_2 和 NO 初始浓度对 SO_2 和 NO 一体化吸收过程的影响

图 5.10 给出了反应温度为 60 ℃,$Na_2S_2O_8$ 浓度为 0.1 mol/L,尿素浓度为 2 mol/L,NO 浓度为 1×10^{-3} 条件下,不同 SO_2 浓度($6 \times 10^{-4} \sim 1 \times 10^{-3}$)对 $Na_2S_2O_8$/尿素复合溶液一体化吸收过程的影响。如图 5.10 所示,随着 SO_2 浓度的增加,NO 去除效率降低,SO_2 去除效率则保持在 100%。这是由于增加 SO_2 浓度能够强化通过反应(3.23)~(3.27)进行的 SO_2 氧化过程,弱化了通过反应(3.3)~(3.7)进行的 NO 氧化过程。此外,SO_2 浓度的增加也同样通过反应(5.11)增加了尿素的消耗,从而减弱了尿素主导的 NO 吸收促进作用。

NO 浓度变化($6 \times 10^{-4} \sim 1 \times 10^{-3}$)对 $Na_2S_2O_8$/尿素复合溶液一体化吸收过程的影响示于图 5.11(反应温度为 60 ℃,$Na_2S_2O_8$ 浓度为 0.1 mol/L,尿素浓度为 2 mol/L,SO_2 浓度为 1×10^{-3})。NO 浓度的增加提高了 NO 气相分压,从而缩短了单位时间内气体分子的停留时间,进而弱化了 NO 的吸收过程。因此,如图 5.11 所示,随着 NO 浓度的增加,SO_2 去除效率保持恒定,但是 NO 去除效率逐渐降低。

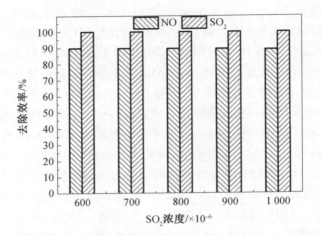

图 5.10　SO_2 浓度对 $Na_2S_2O_8$/ 尿素复合溶液一体化吸收 SO_2 和 NO 过程的影响（pH = 7）

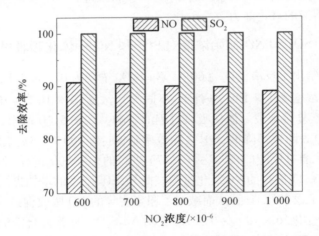

图 5.11　NO 浓度对 $Na_2S_2O_8$/ 尿素复合溶液一体化吸收过程的影响（pH = 7）

5.2.5　初始 pH 值对 SO_2 和 NO 一体化吸收过程的影响

图 5.12 给出了反应温度为 60 ℃，$Na_2S_2O_8$ 浓度为 0.1 mol/L，尿素浓度为 2 mol/L，NO 浓度和 SO_2 浓度为 1×10^{-3} 条件下，不同溶液初始 pH 值（4.5 ~ 12）对 $Na_2S_2O_8$/ 尿素复合溶液一体化吸收过程的影响。从图 5.12 中可以看出，随着溶液初始 pH 值从 4.5 增加到 12，SO_2 去除效率始终没有变化，而 NO 去除效率却有明显的改变。通过对比图 3.14 和图 5.6 可以发现，在酸性环境下，

$Na_2S_2O_8$／尿素复合溶液一体化吸收过程中 NO 去除效率的变化规律不同于 $Na_2S_2O_8$ 溶液一体化吸收过程对应的 NO 去除效率的变化规律,以及 $Na_2S_2O_8$／尿素复合溶液单独吸收 NO 过程对应的 NO 去除效率变化规律,却与图3.6所示 $Na_2S_2O_8$ 溶液单独吸收 NO 过程所对应的 NO 去除效率变化规律相似。这是因为当溶液中有尿素存在时,强化了 SO_2 的吸收过程,从而提高了反应(3.30)的反应速率,弱化了酸性环境下 $Na_2S_2O_8$ 一体化吸收过程中 SO_2 的强烈竞争反应。而 SO_2 的存在也中和了酸性环境下复合溶液单独吸收 NO 时所引发的酸度改变问题。因此,$Na_2S_2O_8$／尿素复合溶液一体化吸收过程中,不同 pH 值条件下,NO 去除效率的变化规律与 $Na_2S_2O_8$ 溶液单独吸收 NO 过程对应值变化规律相似。

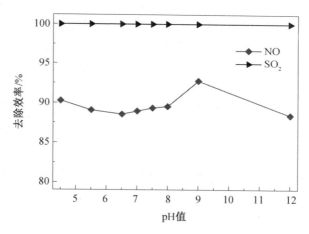

图 5.12　　$Na_2S_2O_8$／尿素复合溶液初始 pH 值对 SO_2 和
NO 一体化吸收过程的影响

在强酸环境下,反应(3.13)、(3.14)及(3.16)的反应速率较高,NO 吸收过程得到强化。因此,在 pH 值为 4.5 的条件下,NO 去除效率为 90.3%。随着 pH 值从 4.5 升高到 6.5,反应(3.15)的反应速率逐渐提升,增加了溶液中 $Na_2S_2O_8$ 的消耗,从而弱化了 NO 的吸收过程。因此,正是由于反应(3.15)的存在,复合溶液 pH 值为 6.5 条件下的 NO 去除效率要低于 pH 值为 7 时的对应值。当溶液 pH 值从 7 升高到 9 时,由于反应(3.19)的存在,提高了羟基自由基的生成速率,从而提高了溶液的氧化能力,强化了 NO 的吸收过程,进而导致 NO 去除效率的增加。而当溶液处于强碱环境下时,更为惰性的氧自由基的生成则弱化了溶液的氧化能力,抑制了 NO 的吸收过程,从而使 NO 去除效率下降。

5.2.6　复合溶液一体化吸收 SO_2 和 NO 过程产物检测结果分析

不同反应温度、尿素浓度、$Na_2S_2O_8$ 浓度及 pH 值条件下,利用 $Na_2S_2O_8$/尿素复合溶液一体化吸收 1×10^{-3} SO_2 和·1×10^{-3} NO 过程对应的铵根离子(NH_4^+)、亚硫酸根离子(SO_3^{2-})、硫酸根离子(SO_4^{2-})、亚硝酸根离子(NO_2^-)以及硝酸根离子(NO_3^-)等产物质量浓度检测结果见表5.2。研究 A ~ D 的实验条件分别为:(A)反应温度为25 ~ 80 ℃,$Na_2S_2O_8$ 浓度为0.1 mol/L,尿素浓度为2 mol/L,SO_2 和 NO 浓度均为 1×10^{-3},溶液 pH 值为7;(B)反应温度为60 ℃,$Na_2S_2O_8$ 浓度为0.1 mol/L,尿素浓度为0 ~ 4 mol/L,SO_2 和 NO 浓度均为 1×10^{-3},溶液 pH 值为7;(C)反应温度为60 ℃,尿素浓度为2 mol/L,$Na_2S_2O_8$ 浓度为0 ~ 0.2 mol/L,SO_2 和 NO 浓度均为 1×10^{-3},溶液 pH 值为7;(D)反应温度为60 ℃,尿素浓度为2 mol/L,$Na_2S_2O_8$ 浓度为0.1 mol/L,SO_2 和 NO 浓度均为 1×10^{-3},溶液 pH 值为4.5 ~ 12。根据表5.2中研究 A ~ D 对应的产物浓度检测结果可知,不同实验条件下的 NO_3^- 残留量都要低于规定限值 0.060 g/L(洗涤废液45 t/MWh),只有在 pH 值为9时,才稍微超出了限值。特别是在研究 A 中,在反应温度为80 ℃,$Na_2S_2O_8$ 浓度为0.1 mol/L,尿素浓度为2 mol/L的条件下,NO_3^- 残留质量浓度为 7.54×10^{-3} g/L,远低于限值的 0.06 g/L(洗涤废液45 t/MWh)。从研究 A 对应的 NH_4^+ 浓度检测结果可以看出,随着反应温度升高,NH_4^+ 浓度逐渐增加,这也证实了尿素水解过程随温度升高而增强的结论。从研究 B 产物检测结果更是可以直观地看出,当溶液中没有添加尿素时,溶液中的 NO_3^- 残留量非常高,而当溶液中添加尿素时,$Na_2S_2O_8$/尿素复合溶液一体化吸收过程对应的 NO_3^- 残留量迅速降低。造成这一现象的原因是尿素能够通过反应(5.1)和(5.3)抑制 NO_3^- 的生成,也能够通过反应(5.8)和(5.9)直接去除溶液中的 NO_3^-。此外,反应(5.2)的发生更是从根源上阻止了溶液中 NO_3^- 的生成。从研究 C 对应的检测结果可以看出,在没有添加 $Na_2S_2O_8$ 的情况下,单独使用尿素进行一体化吸收时,SO_3^{2-} 浓度较高,但随着 $Na_2S_2O_8$ 的添加,SO_3^{2-} 浓度迅速下降。这种 SO_3^{2-} 浓度的变化,能够支持对于单独采用尿素进行一体化吸收时的反应机理的分析。根据研究 D 和图5.12的实验结果可以发现,pH 值低于5.5的酸性环境有利于 NO 的吸收,也非常有利于抑制 NO_3^- 的形成。这是因为当溶液 pH 值低于5.5时,反应(3.16)的存在不仅强化了 NO 的吸收,同时在足够尿素存在条件下,也提高了反应(5.1)的反应速率。通过表5.2与表5.1同种工况下的硝酸盐残留浓度对比可以发现,一体化吸收过程对应的硝酸盐残留量要低于单独 NO 吸收过程对应值,这表明 SO_2 的添加有利于 NO_3^- 的去除。此外,从表 5.2 的检测结果可以看出,$Na_2S_2O_8$/尿素复合溶液一体化吸收过程的主要产物为硫酸铵,而硫酸铵是一种便于结晶回收的产物,可利用船舶洗涤废水处理系统进行回收。硫酸铵是一种高质量氮肥,将增加船舶航行过程中的经济效益。

表5.2　不同实验条件下 $Na_2S_2O_8$/尿素复合溶液一体化吸收过程产物质量浓度

研究编号	变化参数	NH_4^+ 质量浓度/($\times 10^{-3}$ g $\cdot$ L^{-1})	SO_3^{2-} 质量浓度/($\times 10^{-3}$ g $\cdot$ L^{-1})	SO_4^{2-} 质量浓度/($\times 10^{-3}$ g $\cdot$ L^{-1})	NO_2^- 质量浓度/($\times 10^{-3}$ g $\cdot$ L^{-1})	NO_3^- 质量浓度/($\times 10^{-3}$ g $\cdot$ L^{-1})
A（不同反应温度,图5.7）	25 ℃	8.88	24.51	547.57	3.36	8.47
	30 ℃	8.99	19.72	501.76	4.15	17.78
	40 ℃	15.7	8.02	496.41	3.18	8.43
	50 ℃	54.6	0.46	549	0.98	7.24
	60 ℃	176.64	—	1 068.96	—	22.32
	70 ℃	864.92	—	3 359.567	—	8.15
	80 ℃	1 885.52	—	6 858.13	—	7.54
B（不同尿素浓度,图5.8）	0 mol/L	—	–	2 280.62	—	143.51
	0.1 mol/L	65.8	—	1 914.78	—	21.64
	0.3 mol/L	83.77	0 + 0.46	1777	—	11.08
	0.5 mol/L	103.39	—	1 708.45	—	8.89
	1 mol/L	170.46	0 + 0.49	1 363.58	0 + 0.34	20.76
	1.5 mol/L	173.42	—	1 324.7	0 + 0.32	20.98
	2 mol/L	176.64	—	1 068.96	—	22.32
	4 mol/L	310.88	0 + 0.52	1 045.59	0 + 0.39	59.92

续表5.2

研究编号	变化参数	NH_4^+ 质量浓度/ ($\times 10^{-3}$ g·L^{-1})	SO_3^{2-} 质量浓度/ ($\times 10^{-3}$ g·L^{-1})	SO_4^{2-} 质量浓度/ ($\times 10^{-3}$ g·L^{-1})	NO_2^- 质量浓度/ ($\times 10^{-3}$ g·L^{-1})	NO_3^- 质量浓度/ ($\times 10^{-3}$ g·L^{-1})
C （不同过硫酸钠浓度，图5.9）	0 mol/L	133.54	101.99	76.99	—	—
	0.01 mol/L	141.71	—	326.12	—	1.68
	0.02 mol/L	142.01	—	398.88	0 + 1.02	5.03
	0.05 mol/L	164.06	0 + 1.08	869.98	—	15.81
	0.1 mol/L	176.64	—	1 068.96	—	22.32
	0.15 mol/L	285.87	—	1 979.41	0 + 0.63	23.73
	0.2 mol/L	293.01	—	2 513.67	—	25.02
D （不同溶液 pH 值，图5.12）	4.5	173.05	7.52	1 033.79	0 + 1.39	6.61
	5.5	229.42	5.72	1 231	—	19.44
	6.5	178.33	2.75	1 077.03	0 + 0.68	21.41
	7	176.64	—	1 068.96	—	22.32
	7.5	176.62	—	1 075.1	0 + 0.98	35.92
	8	176.6	—	1 344.89	—	39.97
	9	90.17	—	1 380.7	—	66.53
	12	148.3	—	1 241.59	—	21.79

5.2.7 复合溶液一体化吸收 SO_2 和 NO 过程的反应机理

复合溶液一体化吸收实验研究表明，$Na_2S_2O_8$/尿素复合溶液不但能够实现 SO_2 和 NO 的一体化高效吸收，还能够有效抑制复合溶液中硝酸盐的生成。同时，尿素的添加能够强化 SO_2 和 NO 吸收过程。为明确 $Na_2S_2O_8$/尿素复合溶液一体化吸收 SO_2 和 NO 过程的强化吸收机理以及硝酸盐生成的抑制机理，基于 $Na_2S_2O_8$/尿素复合溶液气体吸收实验和液相成分表征研究结果（表5.1 和表5.2），对 $Na_2S_2O_8$/尿素复合溶液一体化吸收 SO_2 和 NO 过程的反应机理开展研究，复合溶液一体化吸收过程反应机理示于图5.13。

如图 5.13 所示,在 $Na_2S_2O_8$/尿素复合溶液一体化吸收 SO_2 和 NO 过程中,SO_2 和 NO 吸收过程反应机理具体如下:

(1) 在温度激活条件下,$Na_2S_2O_8$ 溶液中生成 $S_2O_8^{2-}$、SO_4^{-} 以及 OH^- 等氧化性物质;

(2) 易溶 SO_2 气体与复合溶液中尿素进行中和反应生成 SO_3^{2-};

(3) 非稳态 SO_3^{2-} 被 $S_2O_8^{2-}$、SO_4^{-} 及 OH^- 等氧化性物质进一步氧化成稳定 SO_4^{2-},从而实现 SO_2 的吸收;

(4) 亚稳态尿素在水溶液中生成氨基甲酸铵(NH_2COONH_4),并进一步水解生成碳酸根离子(CO_3^{2-})和铵根离子(NH_4^+),CO_3^{2-} 与溶液中氢离子(H^+)进一步反应释放 CO_2;

(5) 难溶 NO 气体与溶液中的 $S_2O_8^{2-}$、SO_4^{-} 及 OH^- 等氧化性物质反应生成溶解度相对较高的 NO_2,从气相进入液相生成 NO_2^-;

(6) 尿素存在条件下,尿素以及 NH_2COONH_4 与 NO_2 和 NO_2^- 发生还原反应生成 N_2,抑制了 NO_2 和 NO_2^- 向稳定 NO_3^- 转换的过程,同时阻碍了 NO_2^- 分解生成 NO 的反应;

(7) 尿素以及 NH_2COONH_4 直接将 NO 还原为 N_2,同时也会与溶液中生成的稳定 NO_3^- 发生还原反应生成 N_2;

(8) 在复合溶液一体化吸收 SO_2 和 NO 过程中,SO_2 中和吸收过程产物 SO_3^{2-} 会直接将 NO 还原为 N_2,并同时生成稳定 SO_4^{2-};

(9) $S_2O_8^{2-}$ 与尿素进行反应,生成 SO_4^{-}(根据化学反应方程式,该反应会减少 SO_4^{-} 生成量)。

如图 5.13 所示,$Na_2S_2O_8$/尿素复合溶液一体化吸收 SO_2 和 NO 过程中,SO_2 的吸收通过中和过程和氧化过程进行,NO 的吸收通过氧化过程和还原过程进行。通过图 3.15 与图 5.13 的对比可以发现,与 $Na_2S_2O_8$ 单一氧化体系一体化吸收过程相比,$Na_2S_2O_8$/尿素复合溶液一体化吸收 SO_2 和 NO 的过程中,SO_2 与尿素的中和反应强化了 SO_2 的溶解吸收,从而使 SO_2 向稳定 SO_4^{2-} 转化的过程得到强化。同时,利用 $Na_2S_2O_8$/尿素复合溶液时,不但增加了 NO 吸收路径,而且改变了单一氧化体系下 NO 向稳定 NO_3^- 的转化路径,在复合体系下使 NO 向稳定 N_2 转化。如图 5.13 所示,NO 吸收路径转变的原因是,尿素的存在,不但抑制了不稳定亚硝酸盐向稳定硝酸盐的转化,而且直接还原 NO 和硝酸盐,分别减少了 N 组分来源及硝酸盐残留,从而有效降低了复合溶液中硝酸盐的最终残留浓度,并生成无害 N_2 排放。同时,SO_2 与尿素的中和反应强化了 SO_3^{2-} 的生成,当复合溶液氧化强度能够满足 SO_3^{2-} 相对稳定存在时,同样能够促进 SO_3^{2-} 与 NO

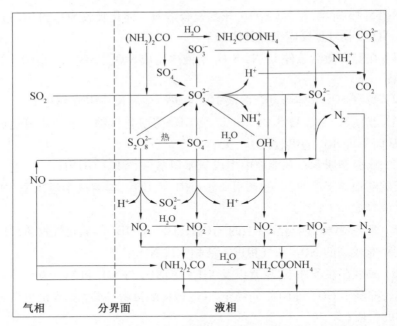

图 5.13 $Na_2S_2O_8$/尿素复合溶液一体化吸收 SO_2 和 NO 反应机理示意图

的还原反应,从而强化 NO 的吸收。因此,利用 $Na_2S_2O_8$/尿素复合溶液不但有利于 SO_2 和 NO 的一体化吸收,还能够有效降低复合溶液中硝酸盐残留量。

5.3   本章小结

本章主要在 $Na_2S_2O_8$ 单一氧化体系一体化吸收 SO_2 和 NO 研究的基础上,为解决洗涤废液中硝酸盐的残留问题,构建全新的 $Na_2S_2O_8$/尿素复合体系,并对复合溶液单独 NO 吸收及一体化吸收 SO_2 和 NO 的过程开展研究。研究主要因素,如温度、$Na_2S_2O_8$ 浓度、尿素浓度及溶液 pH 值等,对气体吸收过程的影响,并根据气体组分检测结果和液相成分表征结果梳理复合溶液一体化吸收过程反应路径,详细分析了复合溶液一体化吸收过程反应机理,主要研究成果如下。

（1）$Na_2S_2O_8$/尿素复合溶液单独吸收 NO 的研究表明,NO 去除效率随着反应温度和 $Na_2S_2O_8$ 浓度的增加而升高。当尿素的加入量足以抑制尿素的水解以及尿素与 $Na_2S_2O_8$ 的氧化还原反应时,即在尿素浓度高于 0.5 mol/L、反应温度为 60 ℃,尿素浓度高于 1 mol/L,反应物温度为 70 ℃,尿素浓度高于 2 mol/L、反应温度为 80 ℃ 的条件下,NO 去除效率随着尿素浓度的增加而升高。此外,硝酸盐残留量随尿素浓度的增加而降低。当反应温度为 80 ℃,$Na_2S_2O_8$ 浓度为 0.1 mol/L,尿素浓度为 4 mol/L 时,最高 NO 去除效率能够达到 99.7%,并且对应的硝酸盐残留质量浓度仅为 0.014 93 g/L,远低于法规限值。当溶液初始 pH 值在 7 ~ 9 范围内时,NO 去除率随 pH 值的增加而增加。尿素的加入能有效地提高 NO 的去除效率,并能有效地降低溶液中硝酸盐的含量。

(2)$Na_2S_2O_8$/ 尿素一体化吸收 SO_2 和 NO 的研究表明,反应温度的升高有利于一体化吸收过程。在反应温度不低于 60 ℃,$Na_2S_2O_8$ 浓度大于 0.05 mol/L 时,能够克服 SO_2 解析作用的影响,使 SO_2 去除效率达到 100%,并且 $Na_2S_2O_8$/ 尿素复合溶液一体化吸收过程对应 NO 去除效率将高于 $Na_2S_2O_8$ 溶液一体化吸收过程对应值。当尿素浓度低于 2 mol/L 时,随着尿素浓度的增加 NO 去除效率降低。此外,尿素的添加能够显著降低溶液中的硝酸盐残留量。SO_2 和 NO 的一体化去除效率随 $Na_2S_2O_8$ 浓度的增加而升高。但是,当复合溶液中 $Na_2S_2O_8$ 浓度低于 0.2 mol/L 时,尿素的加入更有利于 NO 的吸收。

当反应温度为 80 ℃,$Na_2S_2O_8$ 浓度为 0.1 mol/L,尿素浓度为 2 mol/L 时,SO_2 和 NO 的去除效率分别为 100% 和 99.1%,硝酸盐的残留质量浓度为 7.54×10^{-3} g/L,远低于限值。SO_2 和 NO 浓度的增加对 SO_2 的吸收没有影响,但是降低了 NO 去除效率。复合溶液 pH 值的变化对 NO 去除效率及硝酸盐的残留量都有影响。根据实验结果,酸性环境(pH ≤ 5.5)有利于 NO 的吸收及抑制硝酸盐的生成。通过复合溶液单独吸收 NO 过程对应硝酸盐残留量与一体化吸收过程对应的硝酸盐残留量对比可知,SO_2 的引入有利于抑制硝酸盐的生成。根据气体组分检测结果和液相成分表征结果,尿素的添加能够通过中和反应强化 SO_2 吸收,增加溶液中亚硫酸根离子生成量,并且通过直接还原 NO、亚硝酸根离子、硝酸根离子等反应路径抑制溶液中硝酸盐的生成。

第6章 新型一体化处理技术脱除过程的热力学和反应动力学研究

通过第 5 章的研究可以发现,在 $Na_2S_2O_8$ 单一氧化体系中尿素的添加,不但能够强化 SO_2 和 NO 的吸收过程,还能够有效抑制硝酸盐的生成。$Na_2S_2O_8$/尿素复合溶液具备较强的 SO_2 和 NO 一体化吸收能力,以及洗涤废液中硝酸盐生成的抑制能力。为了更加深入了解 $Na_2S_2O_8$/尿素复合溶液一体化吸收机制,明确复合溶液一体化吸收过程中的 SO_2、NO 强化吸收机理以及硝酸盐抑制反应的推进方向、反应限度以及平衡点等宏观变化规律,本章将首先从热力学层面对复合溶液一体化吸收过程中的相关热力学参数变化规律展开探讨。从尿素添加所引入的新反应与原有单一 $Na_2S_2O_8$ 体系下分步反应的热力学参数对比分析入手,明确热力学层面尿素添加对原有体系的影响。随后,通过 $Na_2S_2O_8$/尿素复合溶液一体化吸收过程总反应与单一 $Na_2S_2O_8$ 体系一体化吸收总反应的相关热力学参数对比,掌握整个一体化吸收过程中物质变化的宏观规律特征。

此外,$Na_2S_2O_8$/尿素复合体系吸收是一种更为复杂的气 – 液传质过程,其中涵盖更为复杂的化学反应及传质过程。本章在第 4 章研究的基础上,运用本征反应动力学理论及宏观动力学理论,建立 $Na_2S_2O_8$/尿素复合溶液 NO 吸收速率方程,并分析主要实验参数对 NO 吸收速率的影响。同时,探析不同实验条件下相关动力学参数的变化规律,掌握复合体系一体化吸收过程的传质 – 反应特性。

6.1 反应热力学研究

6.1.1 分步反应吉布斯自由能计算

通过第 3 章与第 5 章的研究结果可知,$Na_2S_2O_8$ 溶液中尿素的添加,增加了 SO_2 中和过程,强化了 SO_2 的吸收。同时,增加了 NO 的直接还原过程,以及亚硝酸盐去除、硝酸盐去除等 NO 间接还原过程,不但强化了 NO 吸收,还抑制了洗涤废液中硝酸盐的生成。因此,由尿素添加所引入的主要反应为(5.1)、(5.2)、(5.3)、(5.8)、(6.1)及(6.2)。按照 4.1.1 节所述计算方法,对相关反应的吉布斯自由能变进行了计算。标准状态新增反应化学相关物质热力学参数见表 6.1。

$$SO_2 + (NH_2)_2CO + 2H_2O \longrightarrow (NH_4)_2SO_3 + CO_2 \tag{6.1}$$

$$(NH_2)_2CO + H_2O + 2H^+ \longrightarrow 2NH_4^+ + CO_2 \tag{6.2}$$

表 6.1　标准状态新增化学反应相关物质热力学参数

物质	$\Delta_f H_m^{\ominus}/$ (kJ·mol^{-1})	$\Delta_f G_m^{\ominus}/$ (kJ·mol^{-1})	$\Delta_f S_m^{\ominus}/$ (J·mol^{-1}·K^{-1})	$\Delta_f C_{p,m}^{\ominus}/$ (J·mol^{-1}·K^{-1})
HNO$_3$(aq)	−207.36	−111.34	146.4	−86.6
HNO$_2$(aq)	−79.5	−46	254.1	45.5
(NH$_2$)$_2$CO(aq)	−333.1	−196.8	104.6	93.1
CO$_2$(g)	−393.51	394.39	213.785	37.13
(NH$_4$)$_2$SO$_3$(aq)	−900.4	−645	197.5	−0.133 1
NH$_4^+$(aq)	−133.26	−79.37	111.17	79.9

图 6.1 给出了 Na$_2$S$_2$O$_8$/尿素复合溶液一体化吸收过程主要反应对应的吉布斯自由能随温度的变化规律。从图 6.1 所示计算结果可以看出,当反应温度从 25 ℃ 升高到 80 ℃ 时,反应(4.14)对应的吉布斯自由能从 −0.55 kJ/mol 升高到 4.37 kJ/mol,而反应(6.1)对应的吉布斯自由能则从 −68.07 kJ/mol 升高到 −62.41 kJ/mol。在整个实验温度范围内,反应(6.1)对应的吉布斯自由能变数值始终低于 −40 kJ/mol,即反应(6.1)为自发正向进行的不可逆反应。在溶液中没有尿素时,SO$_2$ 进入液相的过程主要依靠反应(4.14)和(4.15),但是随着反应温度的升高,反应(4.14)逐渐从自发正向可逆反应转变为自发逆向进行的反应,这就导致 SO$_2$ 的吸收过程逐渐向氧化过程靠近,主要依靠反应(4.15)进行吸收。当溶液中的氧化能力不足时,必然导致 NO 的氧化吸收过程受到影响。当有尿素添加后,反应(6.1)的发生强化了 SO$_2$ 的吸收过程,使 SO$_2$ 更容易进入液相并形成相对稳定的亚硫酸铵,虽然这种中和过程的发生强化了 SO$_2$ 的吸收且更容易发生氧化过程,但是当溶液中氧化能力足够时,必然能够减轻对于 NO 氧化过程的削弱,从而促进 NO 的吸收。此外,反应(4.16)对应的吉布斯自由能依然很小,即反应进行趋势依然很大,通过反应(6.1)而增加的相对稳定亚硫酸盐浓度必然也会增强反应(4.16)正向进行趋势,从而促进 NO

的吸收。

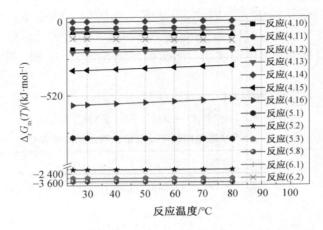

图 6.1　$Na_2S_2O_8/$尿素复合溶液一体化吸收过程主要
反应对应的吉布斯自由能随温度的变化规律

从图 6.1 所示结果还可以看出,反应(5.1)、(5.2)、(5.3)及(5.8)对应的吉布斯自由能数值非常小,并且随着反应温度的升高,同一反应对应的吉布斯自由能也逐渐减小。这种变化规律说明,从热力学角度而言,尿素引发了强烈的还原过程,并且随着温度的升高,反应正向推进趋势逐渐增强。通过吉布斯自由能数值的对比可以发现,根据吉布斯自由能最小化原理,当反应(4.10)发生后,在有尿素存在的条件下,反应(5.1)、(5.3)及(5.8)的存在完全有能力实现溶液中亚硝酸盐和硝酸盐的去除,从而减小最终溶液中的硝酸盐残留量。第 5 章的液相检测结果也同样说明这一点。当溶液中没有尿素存在时,硝酸盐残留量很高,一旦有尿素加入,即使是低浓度尿素,溶液中的硝酸盐残留量也会大幅度降低。如图 6.1 所示,反应(5.2)为尿素所引发的 NO 直接还原反应,其对应的吉布斯自由能变数值也同样较小,即从热力学角度而言,该反应能够发生,且一旦反生反应趋势很大。但是,从第 5 章所示实验结果来看,当尿素浓度达到一定条件时,确实能够有效地促进 NO 的吸收。随着反应温度的升高,反应(6.2)对应的吉布斯自由能从 - 119.05 kJ/mol 降低到 - 133.57 kJ/mol,该反应不但属于自发正向进行的不可逆反应,还会随着反应温度的升高逐渐增强。这就表明,随着反应温度的升高,尿素的消耗过程逐渐增强。但是,反应(6.2)吉布斯自由能变的计算结果也同样说明,该反应进行的程度是有限的,其正向反应趋势并不会强于大多数反应,因此,当尿素浓度足够时,完全有能力克服该反应所产生的负面影响。

6.1.2　分步反应平衡常数计算

图 6.2 给出了 $Na_2S_2O_8$/尿素复合溶液一体化吸收过程主要反应对应平衡常数随温度的变化规律。从图 6.2 所示结果可以看出，随着反应温度从 25 ℃ 升高到 80 ℃，反应(6.1)对应平衡常数始终高于反应(4.14)对应值，即反应 (6.1) 的进行限度始终高于反应(4.14)的反应限度，SO_2 通过与尿素的中和反应生成相对稳定的亚硫酸铵的趋势要强于生成亚硫酸的趋势，从而强化了 SO_2 的吸收过程。此外，如图 6.2 所示，反应(5.1)、(5.2)、(5.3)及(5.8)对应的反应平衡常数较大，反应进行程度较深，从热力学角度而言，尿素主导的还原过程在反应体系中占据了绝对的优势。对比反应(5.1)、(5.3)和(5.8)的反应平衡常数可知，反应(5.3)和(5.8)的反应平衡常数较大，其进行程度较深，从热力学角度而言，含氮组分转化成氮气的过程更有倾向通过硝酸盐的还原反应以及高价态氮氧化物的还原过程而实现。反应(6.1)对应的平衡常数处在大部分反应所对应的平衡常数值的中间区域，该反应始终存在且进行程度不可忽视。在利用 $Na_2S_2O_8$/尿素溶液一体化吸收的过程中一定要在确保能够有效克服该反应发生的条件下，才能实现尿素添加的强化作用。

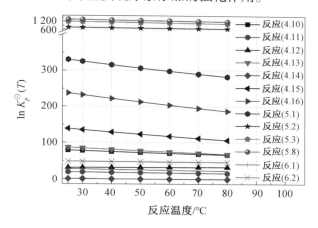

图 6.2　$Na_2S_2O_8$/尿素复合溶液一体化吸收过程主要
反应对应平衡常数随温度的变化规律

6.1.3　总反应吉布斯自由能计算

通过第 5 章的研究可知，$Na_2S_2O_8$/尿素复合溶液一体化吸收过程中主要通过氧化反应和还原反应的耦合作用实现 SO_2 和 NO 的去除，以及抑制溶液中硝酸盐的生成。通过检测液相产物发现，溶液中主要残留物质为铵根离子和硫酸根离子。因此,根据物质守恒定律及实验结果分析可以得出 $Na_2S_2O_8$ / 尿素复合溶液单独吸收 NO 以及一体化吸收 NO 和 SO_2 的总反应方程式分别为

$$S_2O_8^{2-} + 2(NH_2)_2CO + 2NO \longrightarrow 2SO_4^{2-} + 2NH_4^+ + 2N_2 + 2CO_2 \quad (6.3)$$

$$2S_2O_8^{2-} + 4(NH_2)_2CO + 4H_2O + SO_2 + 2NO \longrightarrow 5SO_4^{2-} + 6NH_4^+ + 2N_2 + 4CO_2$$
$$(6.4)$$

$Na_2S_2O_8$ / 尿素复合溶液吸收过程总反应对应的吉布斯自由能变计算结果如图6.3所示。图6.3中增加了 $Na_2S_2O_8$ 溶液吸收过程中的总反应方程式对应的吉布斯自由能变曲线以进行对比分析。从图6.3中可以看出,与反应(4.17)和(4.18)对应的吉布斯自由能变数值比较,反应(6.3)和(6.4)对应数值相对较小。根据吉布斯最小化原理,反应(6.3)比反应(4.17)更容易正向推进,反应(6.4)比反应(4.18)更容易正向推进。从图6.3中还可以看出,随着反应温度的升高,反应(6.3)的吉布斯自由能变数值逐渐减小,而反应(4.17)则逐渐增大,即随着反应温度的升高,从热力学角度而言,反应(6.3)的正向进行趋势逐渐增强,而反应(4.17)则与之相反。这说明 $Na_2S_2O_8$ / 尿素复合溶液单独吸收 NO 过程中,随着反应温度的提高,NO 的吸收过程逐渐强化,有利于 NO 逐渐转变为氮气排放。同样,通过反应(6.4)与反应(4.18)对应的吉布斯自由能变数值对比也可以看出这一变化规律。通过对比反应(6.3)和(6.4)对应的吉布斯自由能变数值可知,复合溶液一体化吸收过程对应数值始终小于 NO 单独吸收过程对应值。这说明复合溶液一体化吸收过程进行趋势较强,更容易实现 NO 向终态氮气的转化。这是由于当溶液中存在尿素时,SO_2 中和反应的发生强化了 SO_2 的吸收,相对稳定的亚硫酸盐的存在进一步提高了反应(3.30)的反应速率,从而实现 NO 向氮气的转化。此外,尿素的存在同样能够通过直接或者间接还原过程增大 NO 向氮气的转化趋势。复合溶液不但能够实现 NO 的强化吸收,还能够强化 NO 向氮气的转化。

6.1.4　总反应平衡常数计算

图6.4给出了 $Na_2S_2O_8$ / 尿素复合溶液吸收过程总反应对应平衡常数随温度的变化规律。同时,增加 $Na_2S_2O_8$ 一体化过程总反应对应平衡常数变化曲线作为对比。从图6.4所示结果可以看出,复合溶液吸收过程总反应对应的平衡常数始终高于 $Na_2S_2O_8$ 溶液吸收过程总反应的对应值,这说明复合溶液吸收过程总反应进行程度较深。随着反应温度升高,无论是复合溶液还是 $Na_2S_2O_8$ 溶液,对应的总反应平衡常数都逐渐减小。从热力学层面而言,随着反应温度的升高,对应反应的正向进行程度逐渐减小。从图6.4中还可以看出,反应(6.4)在任意温度条件下对应的平衡常数值都很大,说明在任意实验温度条件下,其

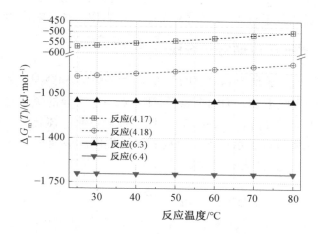

图 6.3　$Na_2S_2O_8$/尿素复合溶液吸收过程总反应对应的吉布斯自由能

正向进行的程度都很大,即一体化吸收过程中 NO 向氮气转化的程度很高。从图 6.4 所示的结果可知,$Na_2S_2O_8$/尿素复合溶液一体化吸收过程中,SO_2 和 NO 的吸收强度要远高于 $Na_2S_2O_8$ 溶液的单一吸收效果,尿素的添加有利于 SO_2 和 NO 的稳定吸收以及溶液中硝酸盐的去除。

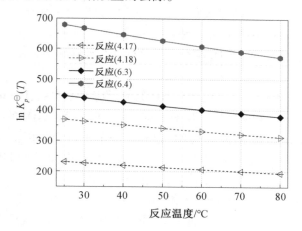

图 6.4　$Na_2S_2O_8$/尿素复合溶液一体化吸收过程总反应平衡常数

6.2　反应动力学研究

通过第 5 章的实验研究可知,在利用 $Na_2S_2O_8$/尿素复合溶液一体化吸收过程中,SO_2 的去除效率只是在温度低于 60 ℃ 时才有所波动,但是其去除效率依然很高。在研究实验条件下,SO_2 基本实现了完全脱除。因此,本章对于反应动力学的研究仍侧重于对 NO 的分析,而把 SO_2 当作一种影响因素。

6.2.1　本征反应动力学方程

通过第5章的实验研究和对应的热力学分析可知,$Na_2S_2O_8$/尿素一体化吸收过程中 NO 的吸收主要分为两个路径,即 $Na_2S_2O_8$ 主导的氧化吸收过程以及尿素引发的还原吸收过程。因此,$Na_2S_2O_8$/尿素溶液一体化吸收过程中,NO 吸收的总反应速率可以表示成 $Na_2S_2O_8$ 氧化过程的反应速率与尿素还原过程的反应速率之和,其具体表示形式如下:

$$R_{NO,total} = -\frac{dc_{NO}}{dt} = R_{NO,PS} + R_{NO,urea} \tag{6.5}$$

式中　$R_{NO,total}$——$Na_2S_2O_8$/尿素复合溶液吸收 NO 的总反应速率,$mol/(m^3 \cdot s)$;

　　　$R_{NO,PS}$——$Na_2S_2O_8$ 氧化吸收 NO 的分反应速率,$mol/(m^3 \cdot s)$;

　　　$R_{NO,urea}$——尿素还原吸收 NO 的分反应速率,$mol/(m^3 \cdot s)$。

根据反应(5.2)的表述形式以及相关研究结果,尿素还原吸收 NO 过程的反应速率 $R_{NO,urea}$ 可表示为

$$R_{NO,urea} = k_{NO,urea} \cdot c_{urea} \cdot c_{NO} \tag{6.6}$$

式中　$k_{NO,urea}$——尿素还原吸收 NO 的分反应速率常数,$L/(mol \cdot s)$;

　　　c_{urea}——复合溶液中尿素浓度,mol/L。

由 4.2.1 节可知,$Na_2S_2O_8$ 氧化吸收 NO 的反应速率 $R_{NO,PS}$ 可表示为

$$R_{NO,PS} = k_{NO,PS} \cdot c_{NO}^m \cdot c_{PS}^n \tag{6.7}$$

式中　$k_{NO,PS}$——$Na_2S_2O_8$ 氧化吸收 NO 的分反应速率常数,$L/(mol \cdot s)$;

　　　m、n——NO 和 $Na_2S_2O_8$ 反应过程相对 NO 和 $Na_2S_2O_8$ 的分反应级数。

研究表明,$Na_2S_2O_8$ 溶液吸收 NO 过程是一个不可逆二级快速反应,对 NO 和 $Na_2S_2O_8$ 分别是一级反应,即 $m=1,n=1$。因此,式(6.7)可进一步简化为

$$R_{NO,PS} = k_{NO,PS} \cdot c_{PS} \cdot c_{NO} \tag{6.8}$$

将所得反应速率方程式(6.6)和(6.8)代入式(6.5)中,得出 $Na_2S_2O_8$/尿素复合溶液吸收 NO 过程的反应速率方程式(6.9)以及总反应速率常数表达式(6.10):

$$R_{NO,total} = k_{NO,urea} \cdot c_{urea} \cdot c_{NO} + k_{NO,PS} \cdot c_{PS} \cdot c_{NO} = k_{NO,total} \cdot c_{NO} \tag{6.9}$$

$$k_{NO,total} = k_{NO,urea} \cdot c_{urea} + k_{NO,PS} \cdot c_{PS} \tag{6.10}$$

式中　$k_{NO,total}$——$Na_2S_2O_8$/尿素复合溶液吸收 NO 过程的总反应速率常数,s^{-1}。

当式(6.10)中尿素浓度和 $Na_2S_2O_8$ 浓度均可被当作常数项处理时,$k_{NO,total}$ 可认为是常数,由式(6.9)可知,$Na_2S_2O_8$/尿素复合溶液吸收 NO 过程相对于

NO 则表现为拟一级反应。

6.2.2　传质 – 反应过程

图 6.5 给出了 NO 从气相主体进入液膜内的扩散过程。取单位面积的微元液膜进行分析,离气液界面深度为 x,微元液膜厚度为 $\mathrm{d}x$。根据双膜理论传质模型,NO 吸收过程的传质 – 反应方程推导如下:

从 x 处扩散进入微元液膜的 NO 量为

$$- D_{\mathrm{NO,L}} \frac{\mathrm{d}c_{\mathrm{NO}}}{\mathrm{d}x}$$

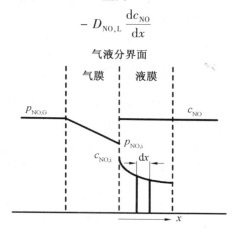

图 6.5　NO 吸收过程扩散微分方程建立示意图

从 $x + \mathrm{d}x$ 处扩散输出的 NO 量为

$$- D_{\mathrm{NO,L}}\left(\frac{\mathrm{d}c_{\mathrm{NO}}}{\mathrm{d}x} + \frac{\mathrm{d}^2 c_{\mathrm{NO}}}{\mathrm{d}x^2}\mathrm{d}x\right)$$

经化学反应消耗的 NO 量为 $R_{\mathrm{NO,total}} \cdot \mathrm{d}x$,则微元液膜内 NO 的物质衡算方程为

$$- D_{\mathrm{NO,L}} \frac{\mathrm{d}c_{\mathrm{NO}}}{\mathrm{d}x} = - D_{\mathrm{NO,L}}\left(\frac{\mathrm{d}c_{\mathrm{NO}}}{\mathrm{d}x} + \frac{\mathrm{d}^2 c_{\mathrm{NO}}}{\mathrm{d}x^2}\mathrm{d}x\right) + R_{\mathrm{NO,total}} \cdot \mathrm{d}x \qquad (6.11)$$

式(6.11)可进一步整理得到

$$D_{\mathrm{NO,L}} \frac{\mathrm{d}^2 c_{\mathrm{NO}}}{\mathrm{d}x^2} = R_{\mathrm{NO,total}} \qquad (6.12)$$

将 6.2.1 节推导得出的 NO 吸收速率方程式(6.9)代入式(6.14)即可得到扩散微分方程

$$D_{\mathrm{NO,L}} \frac{\mathrm{d}^2 c_{\mathrm{NO}}}{\mathrm{d}x^2} = k_{\mathrm{NO,total}} c_{\mathrm{NO}} \qquad (6.13)$$

假设 $\mathrm{Na_2S_2O_8}$/ 尿素复合溶液吸收 NO 过程属于快速反应,则 NO 从液膜扩

散进入液相主体之前已经被完全吸收,即 NO 液相主体浓度为 0。因此,反应体系的边界条件为 $x = 0, c_{NO} = c_{NO,i}, x = x_L, c_{NO} = c_{NO,L} = 0$。

由此,求解微分方程式(6.13)可得 NO 在液膜内的浓度分布曲线,再应用菲克(Fick)定律即可得到单位相界面积 NO 的吸收速率方程:

$$N_{NO} = -D_{NO,L}\left(\frac{dc_{NO}}{dx}\right)_{x=0} = \frac{c_{NO,i}\sqrt{D_{NO,L}k_{NO,total}}}{\tanh\dfrac{\sqrt{D_{NO,L}k_{NO,total}}}{k_{NO,L}}} \tag{6.14}$$

当 NO 吸收过程的反应速率常数 $k_{NO,total}$ 很大时,即 NO 吸收过程满足快速反应条件时,则有

$$\tanh\frac{\sqrt{D_{NO,L}k_{NO,total}}}{k_{NO,L}} \to 1 \tag{6.15}$$

此时,单位相界面积的 NO 吸收速率方程式(6.14)可进一步简化为

$$N_{NO} = c_{NO,i}\sqrt{D_{NO,L}k_{NO,total}} \tag{6.16}$$

将 NO 相界面浓度计算方程式(4.23)代入式(6.15)中,进一步整理可得到拟一级快速反应过程单位相界面积的 NO 吸收速率方程:

$$N_{NO} = \frac{p_{NO,G}}{\dfrac{1}{H_{NO,L}\sqrt{D_{NO,L}k_{NO,total}}} + \dfrac{1}{k_{NO,G}}} \tag{6.17}$$

于是,单位体积的 NO 吸收速率方程为

$$R_{NO} = N_{NO}a_{NO,L} = \frac{a_{NO,L}p_{NO,G}}{\dfrac{1}{H_{NO,L}\sqrt{D_{NO,L}k_{NO,total}}} + \dfrac{1}{k_{NO,G}}} \tag{6.18}$$

6.2.3　不同实验参数影响分析

根据 5.1 节研究可知,反应温度、尿素浓度、$Na_2S_2O_8$ 浓度、NO 初始浓度以及溶液 pH 值等工况参数对 $Na_2S_2O_8$/尿素复合溶液吸收 NO 过程的 NO 去除效率有明显影响。因此,进一步研究这些实验参数对 $Na_2S_2O_8$/尿素复合溶液吸收 NO 过程动力学参数的影响,研究不同实验条件下复合溶液吸收 NO 过程传质特性的变化规律。根据单位相界面积 NO 吸收速率方程式(4.35),计算不同实验条件对 NO 吸收速率的影响,结果示于图 6.6。从图 6.6 所示结果可以看出,反应温度、$Na_2S_2O_8$ 浓度以及 NO 初始浓度对 NO 吸收速率影响较大。当尿素浓度低于 2 mol/L 时,NO 吸收速率会随着尿素浓度的增加而提高,但是在同一反应温度条件下,随着尿素浓度的增加,NO 吸收速率增加幅度有限,一旦尿素浓度高于 2 mol/L,尿素浓度的增加对于 NO 吸收速率的促进作用有限。溶

液 pH 值对于 NO 吸收速率的影响也较小,且变化规律与效率变化规律一致。

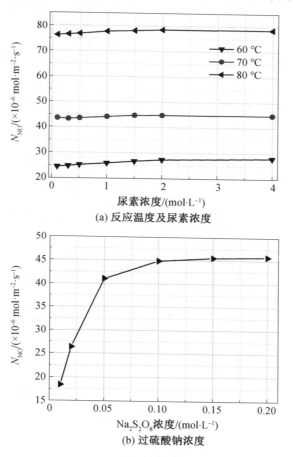

(a) 反应温度及尿素浓度

(b) 过硫酸钠浓度

图 6.6　不同实验参数对 NO 吸收速率的影响

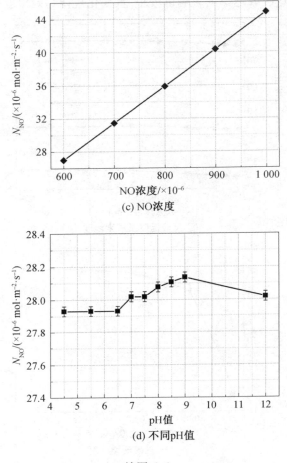

(c) NO浓度

(d) 不同pH值

续图 6.6

从图 6.6(a) 中可以看出,当反应物温度为 60 ℃,尿素浓度低于 2 mol/L 时,随着尿素浓度从 0.1 mol/L 升高到 2 mol/L,NO 吸收速率从 2.45×10^{-5} mol/($m^2 \cdot s$) 升高到 2.73×10^{-5} mol/($m^2 \cdot s$),NO 吸收速率增加幅度不大。当尿素浓度继续增加到 4 mol/L 时,NO 吸收速率仅升高到 2.8×10^{-5} mol/($m^2 \cdot s$)。但是,从图 6.6(a) 所示结果可以看出,在同一尿素浓度条件下,随着反应温度的变化,NO 吸收速率的变化幅度很大。当尿素浓度为 2 mol/L 时,随着反应温度从 60 ℃ 升高到 70 ℃,NO 吸收速率从 2.73×10^{-5} mol/($m^2 \cdot s$) 升高至 4.48×10^{-5} mol/($m^2 \cdot s$),当反应温度继续升高到 80 ℃ 时,NO 吸收速率则升高至 7.85×10^{-5} mol/($m^2 \cdot s$)。从动力学角度而言,反应温度的升高强化了传质过程,提高了对应反应的反应速率,从而强化了 NO

的吸收。而尿素浓度的增加虽然同样会强化 NO 的吸收过程,但是当尿素浓度达到一定浓度时,对于传质过程的强化增幅逐渐减弱,即使继续增加尿素,对于 NO 吸收过程的促进作用也是有限的。从图 6.6(b)中可以看出,当反应温度一定时,随着 $Na_2S_2O_8$ 浓度从 0.01 mol/L 升高至 0.1 mol/L,NO 吸收速率从 1.84×10^{-5} mol/$(m^2 \cdot s)$ 升高到 4.48×10^{-5} mol/$(m^2 \cdot s)$,升高幅度较大。当 $Na_2S_2O_8$ 浓度为 0.15 mol/L 和 0.2 mol/L 时,NO 吸收速率分别为 4.55×10^{-5} mol/$(m^2 \cdot s)$ 和 4.58×10^{-5} mol/$(m^2 \cdot s)$,其升高幅度逐渐减小。随着 $Na_2S_2O_8$ 浓度的增加,NO 吸收过程对应反应的速率提高,但是,从动力学角度而言,过量的 $Na_2S_2O_8$ 浓度对于传质过程的推动作用有限,即 $Na_2S_2O_8$ 浓度的升高提高了液相主体和液膜内的浓度,但是液膜内 $Na_2S_2O_8$ 浓度的增加量有限,对于传质促进作用有限。因此,当 $Na_2S_2O_8$ 达到一定浓度后,随着 $Na_2S_2O_8$ 浓度的继续增加,NO 吸收速率增幅逐渐减小。从图 6.6(c)中可以看出,当 NO 初始浓度从 6×10^{-4} 升高到 1×10^{-3} 时,NO 吸收速率从 1.56×10^{-5} mol/$(m^2 \cdot s)$ 升高到 2.53×10^{-5} mol/$(m^2 \cdot s)$,有较大幅度的提升。这主要是由于随着 NO 初始浓度的提高,NO 气相分压增加,从而增加了气相侧传质推动力,强化了气 - 液传质过程。虽然 NO 去除效率随着初始浓度的增加而降低,但是从动力学角度而言,NO 初始浓度的增加强化了气 - 液传质过程,提高了 NO 的吸收速率。图 6.6(d)给出了 NO 吸收速率随溶液 pH 值的变化规律。从图 6.6(d)和图 5.6 中可以看出,NO 吸收速率的变化规律与 NO 去除效率的变化规律一致,当溶液 pH 值低于 7 时,NO 吸收速率较低。当溶液 pH 值在 7 ~ 9 区间内,NO 吸收速率随着 pH 值的升高而升高,而当 pH 值高于 9 时,NO 吸收速率则随着 pH 值的增加而降低。这主要还是尿素和 $Na_2S_2O_8$ 共存时,不同 pH 值条件下所引入的副反应导致的。

6.2.4　快速反应验证

研究表明,H_a 可用于判定气液反应速率的快慢程度,对于拟一级不可逆反应过程而言,当 NO 液相主体浓度为 0 时,H_a 可通过下式进行简化计算:

$$H_a = \frac{\sqrt{k_{NO,total} \cdot D_{NO,PSU}}}{k_{NO,PSU}} \tag{6.19}$$

式中　$D_{NO,PSU}$——NO 在 $Na_2S_2O_8$/尿素复合溶液中的液相扩散系数,m^2/s;

　　　$k_{NO,PSU}$——NO 在 $Na_2S_2O_8$/尿素复合溶液中的液相传质系数,m/s。

根据实验研究可知,本书研究所选取的尿素浓度要高于 $Na_2S_2O_8$ 的浓度,在不同温度和尿素浓度的条件下,NO 在液相中的扩散系数和传质系数都有所改变。因此,根据附录 B 和附录 C 的实验结果,对 NO 在 $Na_2S_2O_8$/尿素复合溶

液中的传质系数 $k_{NO,PSU}$ 进行多元非线性拟合,得到

$$k_{NO,PSU} = \exp \begin{bmatrix} -22.040\,18 + 3.234\,89 \cdot \ln(T + 12.224\,98) \\ + 0.584\,93 \cdot \ln(Q_{NO} + 0.002\,23) \\ - 0.074\,02 \cdot \ln c_{PS} - 0.064\,17 \cdot \ln c_{urea} \end{bmatrix} \quad R^2 = 0.965$$

(6.20)

式中　T——反应温度,℃;

　　　Q_{NO}——NO 气体流量,L/min;

　　　c_{PS}——Na$_2$S$_2$O$_8$ 浓度,mol/L;

　　　c_{urea}——尿素浓度,mol/L。

基于 H_a 计算式(6.19)、$k_{NO,PSU}$ 计算式(6.20)及单位相界面积 NO 吸收速率方程(6.17),可求出不同实验条件下,Na$_2$S$_2$O$_8$/尿素复合溶液吸收 NO 过程的反应速率常数 $k_{NO,total}$ 及 H_a 等参数,结果汇于表6.2中。从表6.2所示数据可以看出,在本书所研究的实验条件下,H_a 均大于3,满足快速反应动力学的判别准则。由此验证了 Na$_2$S$_2$O$_8$/尿素复合溶液吸收 NO 的过程属于快速反应,NO 在液膜内已被完全吸收的结论。此外,由表6.2中不同 Na$_2$S$_2$O$_8$ 浓度对应 H_a 结果与表4.2中 H_a 对比可知,Na$_2$S$_2$O$_8$/尿素复合溶液吸收 NO 过程中,即使 Na$_2$S$_2$O$_8$ 浓度低于 0.05 mol/L 时,其对应 H_a 也大于3,属于动力学上的快速反应范畴,而 Na$_2$S$_2$O$_8$ 溶液的对应值则低于3,属于动力学上的中速反应范畴。这也表明,尿素的添加强化了 NO 的吸收过程。

表6.2　Na$_2$S$_2$O$_8$/尿素复合溶液吸收 NO 过程不同实验条件下的动力学参数

实验参数		E_{NO} /%	N_{NO} /($\times 10^{-6}$ mol · m^{-2} · s^{-1})	$k_{NO,total}$ /($\times 10^3$ s^{-1})	H_a	$\dfrac{\beta_{i,PSU}}{2}$ $\times 10^4$
尿素浓度 (60 ℃)/ (mol · L^{-1})	0.1	83.8	24.51	4.42	15.93	3.25
	0.3	84.8	24.80	4.78	17.44	5.46
	0.5	86.4	25.27	5.21	18.51	7.71
	1	88.6	25.91	6.04	20.24	13.48
	1.5	91.5	26.76	6.95	21.91	19.50
	2	93.5	27.35	7.82	23.29	25.77
	4	95.8	28.02	16.02	27.23	53.70

续表6.2

实验参数	E_{NO} /%	N_{NO} /($\times 10^{-6}$ mol·m^{-2}·s^{-1})	$k_{NO,total}$ /($\times 10^3$ s^{-1})	H_a	$\dfrac{\beta_{l,PSU}}{2}$ /$\times 10^4$
尿素浓度 (70 ℃)/ (mol·L^{-1})	0.1	94.5	43.55	11.43	19.49	3.40
	0.3	93.7	43.18	11.89	20.90	5.72
	0.5	94.4	43.50	12.68	21.94	8.07
	1	95.8	44.15	14.40	23.77	14.13
	1.5	97	44.70	15.96	25.24	20.46
	2	97.2	44.79	17.30	26.33	27.05
	4	97.4	44.88	34.17	30.24	56.62
尿素浓度 (80 ℃)/ (mol·L^{-1})	0.1	96.8	76.26	26.90	23.64	3.42
	0.3	97.2	76.57	28.71	25.68	5.74
	0.5	97.5	76.81	30.34	26.84	8.11
	1	98.7	77.75	34.31	29.01	14.20
	1.5	99.2	78.15	37.46	30.58	20.55
	2	99.6	78.46	40.77	31.96	27.18
	4	99.7	78.54	80.43	36.69	56.91
过硫酸钠浓度/ (mol·L^{-1})	0.01	40	18.43	1.97	8.20	22.30
	0.02	57.1	26.31	4.35	12.49	22.82
	0.05	89.1	41.06	12.27	21.64	24.38
	0.1	97.2	44.79	17.30	26.33	27.05
	0.15	98.8	45.53	20.81	29.28	30.03
	0.2	99.3	45.76	24.43	32.04	33.40

续表6.2

实验参数		E_{NO} /%	N_{NO} /($\times 10^{-6}$ mol·m^{-2}·s^{-1})	$k_{NO,total}$ /($\times 10^3$ s^{-1})	H_a	$\dfrac{\beta_{i,PSU}}{2}$/$\times 10^4$
NO 浓度 /$\times 10^{-6}$	600	97.6	26.99	17.45	26.44	45.09
	700	97.46	31.44	17.40	26.40	38.65
	800	97.35	35.89	17.36	26.37	33.82
	900	97.3	40.35	17.34	26.36	30.06
	1 000	97.2	44.79	17.30	26.33	27.05
pH 值	4.5	95.5	27.93	15.92	27.14	53.69
	5.5	95.5	27.93	15.92	27.14	53.69
	6.5	95.5	27.93	15.92	27.14	53.69
	7	95.8	28.02	16.02	27.23	53.70
	7.5	95.8	28.02	16.02	27.23	53.70
	8	96	28.08	16.09	27.29	53.70
	8.5	96.1	28.11	16.12	27.32	53.70
	9	96.2	28.14	16.16	27.35	53.70
	12	95.8	28.02	16.02	27.23	53.70

6.2.5 拟一级反应动力学验证

根据 6.2.2 节推导得到的 $Na_2S_2O_8$/尿素复合溶液单位相界面积 NO 吸收速率方程式(6.15)可知,NO 吸收速率与 NO 相界面浓度保持正比例函数关系,即 $Na_2S_2O_8$/尿素复合溶液吸收 NO 总反应相对 NO 而言表现为拟一级反应过程。根据 5.1.5 节实验结果,将 NO 吸收速率与 NO 相界面浓度的关系进行拟合,所得拟合结果如图 6.7 所示。从图 6.7 所示拟合结果可以看出,$Na_2S_2O_8$/尿素复合溶液吸收 NO 的过程中,NO 吸收速率与 NO 相界面浓度具有较好的线性相关性,其拟合度 $R^2=1$。由此可见,$Na_2S_2O_8$/尿素复合溶液吸收 NO 的过程对于 NO 表现为一级反应。

此外,根据 m、n 级不可逆反应的极端情况讨论结果可知,当 H_a 与瞬时增强

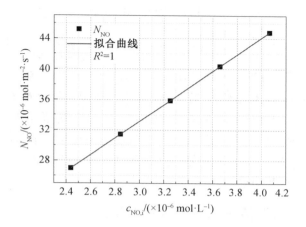

图 6.7　复合溶液 NO 吸收速率与 NO 相界面浓度拟合关系

因子 $\beta_{\mathrm{i,PSU}}$ 满足式（6.21）判定依据时，m、n 级不可逆反应可以近似当作 m 级处理。

$$H_{\mathrm{a}} < \frac{\beta_{\mathrm{i,PSU}}}{2} \tag{6.21}$$

由于 $Na_2S_2O_8$/尿素复合溶液吸收 NO 过程主要包括尿素主导的还原过程和 $Na_2S_2O_8$ 主导的氧化过程两种路径，因此，$Na_2S_2O_8$/尿素复合溶液吸收 NO 的 $\beta_{\mathrm{i,PSU}}$ 可表示为两种反应过程的 $\beta_{\mathrm{i,PS}}$ 和 $\beta_{\mathrm{i,urea}}$ 之和。由此，式（6.21）可进一步整理为

$$H_{\mathrm{a}} < \frac{\beta_{\mathrm{i,PSU}}}{2} = \frac{\beta_{\mathrm{i,urea}} + \beta_{\mathrm{i,PS}}}{2} = \frac{1}{2} \cdot \left(\begin{array}{c} 1 + \dfrac{D_{\mathrm{urea,L}} \cdot c_{\mathrm{urea}}}{\nu_{\mathrm{NO,urea}} \cdot D_{\mathrm{NO,L}} \cdot c_{\mathrm{NO,i}}} + \\ \dfrac{D_{\mathrm{PS,L}} \cdot c_{\mathrm{PS}}}{\nu_{\mathrm{NO,PS}} \cdot D_{\mathrm{NO,L}} \cdot c_{\mathrm{NO,i}}} \end{array} \right) \tag{6.22}$$

式中　$\beta_{\mathrm{i,urea}}$——尿素还原吸收 NO 过程对应瞬时增强因子；

$\beta_{\mathrm{i,PS}}$——$Na_2S_2O_8$ 氧化吸收 NO 过程对应瞬时增强因子；

$D_{\mathrm{urea,L}}$——尿素的液相扩散系数，m^2/s；

$D_{\mathrm{PS,L}}$——$Na_2S_2O_8$ 的液相扩散系数，m^2/s；

c_{urea}——尿素液相本体浓度，mol/L；

c_{PS}——$Na_2S_2O_8$ 液相本体浓度，mol/L；

$\nu_{\mathrm{NO,urea}}$——NO 与尿素反应的化学当量系数；

$\nu_{\mathrm{NO,PS}}$——NO 与 $Na_2S_2O_8$ 反应的化学当量系数。

根据 $Na_2S_2O_8$/尿素复合溶液吸收 NO 总反应方程式（6.3）可知，$\nu_{\mathrm{NO,urea}} = 1$，$\nu_{\mathrm{NO,PS}} = 0.5$。此外，尿素液相扩散系数 $D_{\mathrm{urea,L}}$、$Na_2S_2O_8$ 液相扩散系数 $D_{\mathrm{PS,L}}$ 与

NO 液相扩散系数 $D_{NO,L}$ 近似等于 1。因此,式(6.22)可进一步简化为

$$H_a < \frac{\beta_{i,PSU}}{2} = \frac{1}{2} \cdot \left(1 + \frac{c_{urea}}{\nu_{NO,urea} \cdot c_{NO,i}} + \frac{c_{PS}}{\nu_{NO,PS} \cdot c_{NO,i}}\right) \qquad (6.23)$$

通过式(6.23)可进一步获得在不同实验条件下,$Na_2S_2O_8$/尿素复合溶液吸收 NO 过程对应的 $\beta_{i,PSU}/2$,计算结果汇总于表 6.2。从表 6.2 所示结果可以看出,在研究的不同实验条件下,H_a 远远小于 $\beta_{i,PSU}/2$,即满足拟 m 级反应判断依据。同时,根据图 6.7 所示复合溶液 NO 吸收速率与 NO 相界面浓度的线性关系可进一步确定,$Na_2S_2O_8$/尿素复合溶液吸收 NO 过程中尿素浓度和 $Na_2S_2O_8$ 浓度均可被当作常数项处理。

6.2.6 复合溶液一体化吸收模型验证

基于以上分析,可以认为 $Na_2S_2O_8$/尿素复合溶液吸收 NO 的过程为拟一级快速反应。为了更好地实现对于 $Na_2S_2O_8$/尿素复合溶液一体化吸收 NO 和 SO_2 体系中 NO 吸收速率的研究以及对应体系的应用设计,对基于一体化吸收过程对应模型所得实验数据进行多元非线性回归拟合,获得 $Na_2S_2O_8$/尿素复合溶液一体化吸收过程中不同反应温度、尿素浓度、$Na_2S_2O_8$ 浓度、NO 浓度、SO_2 浓度以及溶液初始 pH 值条件下对应的 NO 拟一级快速反应速率常数计算模型:

$$k_{NO,total,T} = \begin{pmatrix} 356\,070.344\,16 - 50\,562.357\,21 \cdot T + \\ 2\,884.633\,47 \cdot T^2 - 84.601\,6 \cdot T^3 + 1.346\,19 \cdot T^4 - \\ 0.011\,04 \cdot T^5 + 3.67 \times 10^{-5} \cdot T^6 \end{pmatrix} \quad R^2 = 0.999$$

$$(6.24)$$

$$k_{NO,total,urea} = \left\{ 3\,206.899\,37 + 9.278\,9 \times 10^{30} \cdot \\ \exp\left[-0.5 \cdot \left(\frac{c_{urea} - 278.423\,21}{24.628\,39}\right)^2\right] \right\} \quad R^2 = 0.992$$

$$(6.25)$$

$$k_{NO,total,PS} = 12\,620.655\,96 - \frac{12\,201.240\,56}{1 + (c_{PS}/0.095\,19)^{2.168\,76}} \quad R^2 = 0.994$$

$$(6.26)$$

$$k_{NO,total,\varphi NO} = \begin{pmatrix} -7.450\,03 \times 10^{-8} \cdot \varphi_{NO}^4 + 2.316\,62 \times 10^{-4} \cdot \varphi_{NO}^3 - \\ 0.267\,52 \cdot \varphi_{NO}^2 + 135.398\,86 \cdot \varphi_{NO} - 17\,957.854\,16 \end{pmatrix}$$

$$R^2 = 0.999$$

$$(6.27)$$

$$k_{NO,total,\varphi SO_2} = \begin{pmatrix} -3.961\ 36 \times 10^{-9} \cdot \varphi_{SO_2}^4 + 9.723\ 76 \times 10^{-6} \cdot \varphi_{SO_2}^3 - \\ 0.008\ 9 \cdot \varphi_{SO_2}^2 + 3.429\ 41 \cdot \varphi_{SO_2} + 6\ 783.864\ 11 \end{pmatrix} \quad R^2 = 0.999$$

$$(6.28)$$

$$k_{NO,total,pH} = \begin{pmatrix} -4.269\ 58 \cdot V_{pH}^6 + 191.912\ 9 \cdot V_{pH}^5 - 3\ 521.891\ 35 \cdot V_{pH}^4 + \\ 33\ 803.755\ 94 \cdot V_{pH}^3 - 178\ 989.677\ 52 \cdot V_{pH}^2 + \\ 495\ 521.256\ 8 \cdot V_{pH} - 552\ 864.680\ 26 \end{pmatrix} \quad R^2 = 0.998$$

$$(6.29)$$

式中　　$k_{NO,total,T}$——不同温度下的反应速率常数,s^{-1};

T——反应温度($25 \leqslant T \leqslant 80$),℃;

$k_{NO,total,urea}$——不同尿素浓度下的反应速率常数,s^{-1};

c_{urea}——尿素浓度,($0.1 \leqslant c_{urea} \leqslant 4$),mol/L;

$k_{NO,total,PS}$——不同 $Na_2S_2O_8$ 浓度下的反应速率常数,s^{-1};

c_{PS}——$Na_2S_2O_8$ 浓度($0.01 \leqslant c_{PS} \leqslant 0.2$),mol/L;

$k_{NO,total,\varphi NO}$——不同 NO 初始浓度下的反应速率常数,s^{-1};

φ_{NO}——NO 浓度($600 \leqslant \varphi_{NO} \leqslant 1\ 000$),$\times 10^{-6}$;

$k_{NO,total,\varphi SO_2}$——不同 SO_2 初始浓度下的反应速率常数,s^{-1};

φ_{SO_2}——SO_2 浓度($600 \leqslant \varphi_{SO_2} \leqslant 1\ 000$),$\times 10^{-6}$;

$k_{NO,total,pH}$——不同初始 pH 值下的反应速率常数,s^{-1};

V_{pH}——溶液初始 pH 值($4.5 \leqslant V_{pH} \leqslant 12$),无量纲。

基于式(6.24)~(6.29)的模型,利用 NO 吸收速率方程式(6.16)计算了 $Na_2S_2O_8$/尿素复合溶液一体化吸收过程中反应温度、$Na_2S_2O_8$ 浓度、NO 浓度、SO_2 浓度以及溶液 pH 值等不同实验条件下的 NO 吸收速率。将模型计算值与实验值进行对比,以验证模型的正确性和合理性。

图 6.8 为 $Na_2S_2O_8$/尿素复合溶液一体化吸收过程不同实验条件下 NO 吸收速率计算值与实验值的对比。根据图 6.8(a)~(f)所示结果可知,在不同实验条件下,由模型得到的 $Na_2S_2O_8$/尿素复合溶液一体化吸收过程中的 NO 吸收速率与实验测定值能够保持较好的一致性,计算值与实验值的最大误差为 8.66%,最小误差为 0.000 17%,最大平均误差为 3.39%,最小平均误差为 0.012%,这种误差范围对于气液反应模型而言是可以接受的。因此,所得模型可以用于 $Na_2S_2O_8$/尿素复合溶液一体化吸收 SO_2 和 NO 过程中 NO 吸收速率的计算,能够为后期研制反应器过程中的数值模拟和应用设计提供支撑。

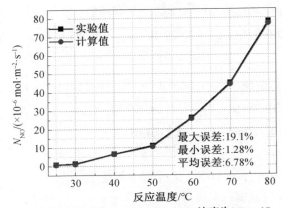

(a) 反应温度为25~80 ℃，$Na_2S_2O_8$浓度为0.1 mol/L，
尿素浓度为2 mol/L，SO_2和NO浓度均为$1×10^{-3}$，
溶液pH值为7

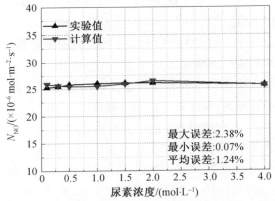

(b) 反应温度为60 ℃，$Na_2S_2O_8$浓度为0.1 mol/L，尿素
浓度为0.1~4 mol/L，SO_2和NO浓度均为$1×10^{-3}$，溶
液pH值为7

图 6.8　$Na_2S_2O_8$/尿素复合溶液一体化吸收过程不同
实验条件下NO吸收速率计算值与实验值的对
比

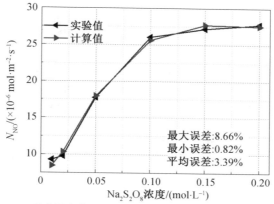

(c) 反应温度为60 ℃，尿素浓度为2 mol/L，$Na_2S_2O_8$浓
　　度为0.01~0.2 mol/L，SO_2和NO浓度均为$1×10^{-3}$，溶
　　液pH值为7

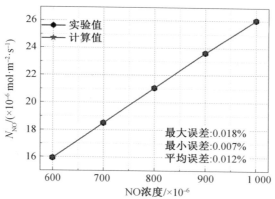

(d) 反应温度为60 ℃，尿素浓度为2 mol/L，$Na_2S_2O_8$浓
　　度为0.1 mol/L，SO_2浓度为$1×10^{-3}$，NO浓度为$6×10^{-4}$~
　　$1×10^{-3}$，溶液pH值为7

续图 6.8

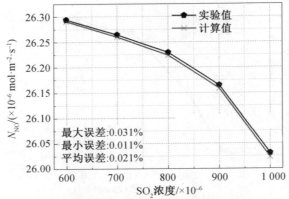

(e) 反应温度为60 ℃，尿素浓度为2 mol/L，$Na_2S_2O_8$浓度为0.1 mol/L，SO_2浓度为$6×10^{-4}$~$1×10^{-3}$，NO浓度为$1×10^{-3}$，溶液pH值为7

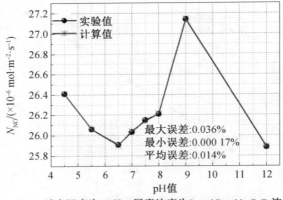

(f) 反应温度为60 ℃，尿素浓度为2 mol/L，$Na_2S_2O_8$浓度为0.1 mol/L，SO_2和NO浓度均为$1×10^{-3}$，溶液pH值为4.5~12

续图 6.8

6.2.7　液相反应利用率分析

由于利用鼓泡反应器的液相气体吸收研究较多,相关理论体系较为成熟,因此新型液相体系对于气体吸收的基础研究多采用鼓泡反应器。但是,对于不同的反应体系,只有根据反应体系的固有特性,选择合适的气体吸收装置,才能充分发挥液相吸收性能,实现污染气体的高效处理。尤其对于后期的数值模拟与台架研究,在明确液相吸收体系特性的基础上,选择合理的气体吸收装置,才能通过台架研究更好地了解液相吸收体系的应用可行性。因此,对于液相气体吸收过程而言,合理的气体吸收装置至关重要。

液相有效因子 λ 是气液反应过程中反应器内液相有效利用程度的衡量参数,不但可以用来作为选择吸收装置的判定依据,还可以为优化反应器设计提供理论指导。根据双膜理论,液相有效因子 λ 计算如下:

$$\lambda = \frac{1}{\alpha \cdot H_a} \tag{6.30}$$

式中　　λ——液相有效因子;

　　　　α——液相主体体积与液膜体积之比。

由于液相主体体积一般要比液膜体积大得多,因此 α 通常是一个很大的值,不同反应器对应的 α 值如表6.3所示。由于 α 是一个相对固定的数值,通过式(6.32)可以看出,λ 的大小取决于 H_a,即液相有效因子的大小与化学反应速率和传质速率的相对大小有关。H_a 对应的数值越大,化学反应速率越快,λ 就越小,即液相有效利用率越小,反之则液相有效利用率就越大。取 $Na_2S_2O_8$/尿素复合溶液单独吸收 NO 过程及一体化吸收 SO_2 和 NO 过程不同条件下对应的 H_a 均值22.77、常见气液反应器 α 中间值,计算不同气液反应器中 $Na_2S_2O_8$/尿素复合溶液液相反应利用率,结果汇于表 6.3 中。从表 6.3 中所示结果可以看出,对于本书研究的 $Na_2S_2O_8$/尿素复合溶液一体化吸收 SO_2 和 NO 过程,在几种常见的气液反应器中,鼓泡反应器的液相有效利用率最低,比其他常见反应器低 2 ~ 4 个数量级,说明鼓泡反应器的液相有效利用率最低。通过以上分析可知,$Na_2S_2O_8$/尿素复合溶液吸收 NO 的过程对于 NO 而言是拟一级的快速反应,化学反应在液膜内能够很好地完成,NO 在液膜内就能够很好地吸收,在液相主体内的浓度理论上为 0,反应器的利用率仅与气液相比表面积成正比,而与持液量或者液相体积没有直接关系。相关研究认为,对于这类能够在液膜内就可以充分进行的快速反应,应该选择比相界面积大、持液量小的反应器,如喷洒塔或者喷射塔。而对于一些中速反应,需要同时具备较大的比相界面积和较大持液量,搅拌釜类的反应器则更为适合。对于化学反应在液相主体中完成的慢速反应,则需要持液量更大的反应器,如鼓泡反应器。基于以上的分析并结合 $Na_2S_2O_8$/尿素复合溶液一体化吸收 SO_2 和 NO 的特点,可以选择持液量小而气液相比表面积较大的反应器。此外,考虑到船舶空间限制、发动机背压限制、安装与维护等因素,喷射塔反应器将是 $Na_2S_2O_8$/尿素复合溶液一体化吸收船舶柴油机排放 SO_2 和 NO 工艺较为可行的反应器类型。这为后续基于该复合溶液一体化吸收 SO_2 和 NO 的数值模拟和台架研究中气体吸收装置的选型提供了有利指导。

表 6.3　常见气液反应器主要传质性能指标

反应器类型		液相体积分数 ε	单位反应器体积相界面积 $a/$ ($m^2 \cdot m^{-3}$)	液相传质系数 $k_L/$ ($\times 10^4\ m \cdot s^{-1}$)	α	液相有效因子 $\lambda/$ $\times 10^{-4}$
液膜型	填料塔	0.05 ~ 0.1	60 ~ 120	0.3 ~ 2.0	40 ~ 100	6.27
	湿壁塔	– 0.15	– 50	0.3 ~ 2.0	10 ~ 50	14.64
气泡型	泡罩塔	0.15	150	1.0 ~ 4.0	40 ~ 100	6.27
	筛板塔	0.12	120	1.0 ~ 4.0	40 ~ 100	6.27
	鼓泡塔	0.6 ~ 0.98	– 20	1.0 ~ 4.0	4 000 ~ 10 000	0.06
	搅拌釜	0.5 ~ 0.9	100 ~ 180	1.0 ~ 5.0	150 ~ 500	1.35
液滴型	喷洒塔	– 0.05	60 ~ 120	0.5 ~ 1.5	2 ~ 10	73.20
	喷射塔	0.05 ~ 0.1	300 ~ 600	5.0 ~ 10.0	1 ~ 5	146.39

6.3　本章小结

　　为进一步明确复合体系一体化吸收过程中的气体吸收机制、硝酸盐抑制机制以及传质 – 反应特性,本章在第 5 章研究基础上,根据热力学、本征反应动力学以及宏观反应动力学理论,对 $Na_2S_2O_8/$ 尿素复合溶液一体化吸收 SO_2 和 NO 的过程开展研究,主要研究成果如下。

　　(1) 根据 $Na_2S_2O_8/$ 尿素复合溶液一体化吸收过程的分步反应热力学参数研究可知,SO_2 进入液相的趋势在尿素存在条件下变大,SO_2 吸收过程受到尿素中和反应以及 $Na_2S_2O_8$ 氧化反应耦合作用,强化了 SO_2 的吸收。此外,尿素的添加对于溶液中的亚硝酸盐、硝酸盐以及 NO 的还原趋势强烈且进行程度较深,尿素的添加不但能够间接或者直接地强化 NO 的吸收,而且能够降低溶液中硝酸盐的生成。在 $Na_2S_2O_8/$ 尿素复合溶液中,SO_2 和 NO 的吸收总反应进行趋势及进行限度都要强于单一 $Na_2S_2O_8$ 对应反应。$Na_2S_2O_8/$ 尿素复合溶液单独吸收 NO 过程中,随着反应温度的提高,NO 的吸收过程逐渐强化,有利于 NO 逐渐转变为氮气排放。复合溶液一体化吸收过程进行趋势较强且程度较深,更容易实现 NO 向终态氮气的转化。

　　(2) 通过 $Na_2S_2O_8/$ 尿素复合溶液吸收 NO 过程的传质动力学分析可知,

$Na_2S_2O_8$/尿素复合溶液吸收 NO 的反应为拟一级快速反应。通过不同条件下 NO 吸收速率变化规律分析可知,反应温度和 NO 初始浓度对于 $Na_2S_2O_8$/尿素复合溶液单独吸收 NO 过程对应的 NO 吸收速率影响较大。当 $Na_2S_2O_8$ 浓度高于 0.1 mol/L,尿素浓度高于 2 mol/L 时,随着 $Na_2S_2O_8$ 浓度和尿素浓度升高,NO 吸收速率增加幅度逐渐减小。构建的 $Na_2S_2O_8$/尿素复合溶液一体化吸收 SO_2 和 NO 过程 NO 吸收速率模型计算值与实验值的最大误差为 8.66%,最小误差为 0.000 17%,最大平均误差为 3.39%,最小平均误差为 0.012%,能够满足 $Na_2S_2O_8$/尿素复合溶液一体化吸收过程中 NO 吸收速率的预测。喷射塔反应器是较为适合 $Na_2S_2O_8$/尿素复合溶液一体化吸收 SO_2 和 NO 工艺的应用反应器类型。

第7章　总结与展望

船舶运输日益频繁,以重质燃油作为主要燃料的船舶动力装置污染物(如 SO_2、NO_x 及 PM 等)排放量随之增加,对人类健康和生态环境造成了极大的危害。随着排放法规对于船舶动力装置排放 SO_2 和 NO 的严格限制,急需两种污染物质的一体化吸收技术。针对 SO_2 和 NO 一体化高效吸收以及液相中硝酸盐残留量较高等关键难题,本书在温度激活 $Na_2S_2O_8$ 单一氧化体系的基础上,构建 $Na_2S_2O_8$/尿素氧化还原复合吸收体系,采用实验研究和理论研究相结合的方式,对单一氧化体系以及复合体系一体化吸收 SO_2 和 NO 过程开展研究,旨在明确复合溶液一体化吸收 SO_2 和 NO 过程主要影响因素、气体吸收机理、硝酸盐生成抑制机理及传质 – 反应过程特性,从而对复合溶液不同吸收过程进行有效调控,实现 SO_2 和 NO 的一体化高效吸收及洗涤废液低硝酸盐排放。研究结果表明,$Na_2S_2O_8$/尿素复合体系不但能够实现 SO_2 和 NO 的一体化吸收,在一定实验条件下还能够在确保较高 NO 去除效率的同时有效抑制溶液中硝酸盐的生成,是一种非常有研究价值的船舶动力装置 SO_2 和 NO 排放处理技术。

1. 本书主要结论

针对湿法一体化吸收 SO_2 和 NO 过程的关键难题,本书在温度激活 $Na_2S_2O_8$ 单一氧化体系的基础上,首次构建 $Na_2S_2O_8$/尿素氧化还原复合吸收体系,并开展单一氧化体系和复合体系相关研究,得出主要结论如下。

(1)通过温度激活体系下 $Na_2S_2O_8$ 溶液单一氧化体系一体化吸收 SO_2 和 NO 的研究可知,SO_2 和 NO 去除效率随着反应温度和 $Na_2S_2O_8$ 浓度的升高而升高。当反应温度高于 60 ℃,$Na_2S_2O_8$ 浓度高于 0.05 mol/L 时,SO_2 的吸收过程能够克服解析作用影响,SO_2 去除效率不会随着 $Na_2S_2O_8$ 和反应温度的升高而改变,始终恒定在 100%。在不同的温度区间内,SO_2 的存在对于 NO 去除过程的影响规律不同。当反应温度低于 60 ℃ 时,SO_2 的存在提高了一体化吸收过程 NO 的去除效率,而当反应温度高于 60 ℃ 时,SO_2 的存在降低了一体化吸收过程 NO 的去除效率。SO_2 和 NO 初始浓度的增加对 SO_2 去除效率没有影响,而 NO 的去除效率则随之逐渐降低。溶液初始 pH 值变化对于 SO_2 去除效率没有影响。但是,当溶液初始 pH 值为 9 时,NO 去除效率最高。单一氧化体系下,SO_2 和 NO 一体化吸收过程终产物分别为 SO_4^{2-} 和 NO_3^-。

(2)通过 $Na_2S_2O_8$ 溶液一体化吸收过程热力学研究可知,随着反应温度的升高,SO_2 的溶解过程从自发正向可逆反应逐步转变为自发逆向反应,使 SO_2 吸收过程依靠氧化反应进行程度加深。NO 吸收过程的明显趋势为难溶于水的 NO 气体首先被氧化成溶解度相对较高的 NO_2 气体,而进入液相之后就直接被氧化性物质进一步氧化成相对稳定的硝酸盐类存在。相比于 NO 的单独吸收过程,一体化吸收过程中 NO 更容易被吸收而形成最终的稳定态。宏观反应动力学研究结果表明,温度激活条件下 $Na_2S_2O_8$ 溶液单一氧化体系吸收 NO 的过程属于拟一级快速反应过程。反应温度、$Na_2S_2O_8$ 浓度以及 NO 浓度的升高会提高 NO 吸收速率,而 SO_2 浓度的升高则会降低 NO 吸收速率。NO 吸收速率在溶液初始 pH 值为 9 条件下最高。在此基础上所构建的 $Na_2S_2O_8$ 溶液一体化吸收 SO_2 和 NO 过程的 NO 吸收速率模型计算值与实验值的最大误差为 4.59%,最小误差为 0.022%,具备较好的精度。

(3)$Na_2S_2O_8$/尿素复合体系一体化吸收 SO_2 和 NO 的研究结果表明,当反应温度不低于 60 ℃ 时,能够克服 SO_2 解析作用的影响,使 SO_2 去除效率达到 100%,并且 $Na_2S_2O_8$/尿素复合溶液一体化吸收过程对应 NO 去除效率将高于 $Na_2S_2O_8$ 溶液一体化吸收过程对应值。当尿素浓度低于 2 mol/L 时,随着尿素浓度的增加 NO 去除效率降低。尿素的添加能够显著降低溶液中硝酸盐残留量。在 $Na_2S_2O_8$/尿素复合溶液一体化吸收过程中,SO_2 和 NO 的一体化去除效率随 $Na_2S_2O_8$ 浓度的增加而升高。当 $Na_2S_2O_8$ 浓度大于 0.05 mol/L 时,足够的氧化剂浓度可保证 SO_2 全部吸收以及 NO 的有效吸收。但是,当复合溶液中 $Na_2S_2O_8$ 浓度低于 0.2 mol/L 时,尿素的加入更有利于 NO 的吸收。当反应温度为 80 ℃,$Na_2S_2O_8$ 浓度为 0.1 mol/L,尿素浓度为 2 mol/L 时,SO_2 和 NO 的去除效率分别为 100% 和 99.1%, 硝酸盐的残留质量浓度为 7.54×10^{-3} g/L, 远低于限值 0.06 g/L。酸性环境(pH ≤ 5.5)能够促进 NO 的吸收并且抑制硝酸盐的生成。

(4)通过 $Na_2S_2O_8$/尿素复合体系一体化吸收过程的热力学研究可知, 由于尿素的添加, SO_2 进入液相的趋势变大, 使原本依靠氧化反应进行的 SO_2 吸收过程, 转变为尿素中和反应以及 $Na_2S_2O_8$ 氧化反应耦合吸收过程, 从而强化了 SO_2 的吸收。尿素的添加不但能够间接或者直接地强化 NO 的吸收, 而且能够降低溶液中硝酸盐的残留浓度。复合体系一体化吸收过程对应总反应的正向推进趋势要强于 $Na_2S_2O_8$ 溶液吸收过程对应总反应对应趋势, 并且前者进行程度要更深。尿素的添加有利于强化 SO_2 和 NO 的吸收过程, 并且有利于 NO 转变为氮气排放。$Na_2S_2O_8$/尿素复合溶液一体化吸收 SO_2 和 NO 过程动力学研究表明, 复合溶液吸收 NO 的过程属于拟一级快速反应。对于拟一级快速反应, 当液相浓度($Na_2S_2O_8$ 浓度不低于 0.1 mol/L 或者尿素浓度不低于 2 mol/L)达到一定程度后, 液相主体浓度的增加对于完全在液膜内进行的反应促进作用逐渐减小, 随着 $Na_2S_2O_8$ 浓度或者尿素浓度的增加, NO 吸收速率增幅逐渐减小。本书成功构建 $Na_2S_2O_8$/尿素复合溶液一体化吸收 SO_2 和 NO 过程 NO 吸收速率模型。模型所得计算值与实验值的最大误差为 8.66%, 最小误差为 0.000 17%, 满足 $Na_2S_2O_8$/尿素复合溶液一体化吸收过程中 NO 吸收速率的预测。

2. 本书创新点

本书主要创新如下。

(1)通过单一氧化体系一体化吸收 SO_2 和 NO 过程实验, 掌握了 $Na_2S_2O_8$ 溶液一体化吸收过程物质变化规律, 明确了 $Na_2S_2O_8$ 单一氧化体系一体化吸收过程的反应机制及主要控制步骤, 揭示了 NO 吸收速率的关键影响因素。

(2)创新构建了 $Na_2S_2O_8$/尿素复合体系, 获得了复合溶液一体化吸收过程及硝酸盐抑制过程的影响规律, 明确了复合体系一体化吸收过程反应机理。

(3)获得了复合溶液一体化吸收过程中物质变化的规律, 揭示了复合溶液一体化吸收过程中 SO_2 和 NO 吸收强化机制以及硝酸盐抑制机制, 明确了复合溶液一体化吸收过程的传质 – 反应特性及 NO 吸收速率变化规律。

3. 工作展望

本书通过实验研究和理论分析相结合的方式,对全新构建的 $Na_2S_2O_8$/尿素复合体系一体化吸收 SO_2 和 NO 开展实验研究和动力学分析,实现了 SO_2 和 NO 的一体化高效吸收,以及液相硝酸盐残留量的抑制,并构建了该体系对应的传质动力学模型。但是,由于客观条件的限制,还有一定的工作内容需要后期进一步开展研究。

(1)开展 $Na_2S_2O_8$ 与尿素的自反应机制研究,进一步完善 $Na_2S_2O_8$/尿素复合溶液一体化吸收过程的反应机制。

(2)开展废气共存物质对于 $Na_2S_2O_8$/尿素复合溶液一体化吸收过程中 NO 和 SO_2 去除效率影响的研究,靠近实际发动机工况需求,进一步明确不同工况参数下对于复合体系吸收能力的影响以及稳定吸收的耐久性。

(3)开展海水为溶剂条件下的复合体系吸收能力研究,构建海水/$Na_2S_2O_8$/尿素复合吸收体系,进一步满足船舶航行环境特殊需求,并明确海水添加对复合吸收体系一体化吸收过程的影响。

附　　录

附录 A　溶液黏度测定

A1　过硫酸钠溶液黏度测定

采用 2.1.3 节中所述方法,利用旋转黏度测试仪测量不同温度及不同浓度的过硫酸钠溶液黏度值,对所得数据进行多元非线性拟合得到相关经验方程(A.1),用于后续研究过硫酸钠溶液吸收 NO 体系中传质性能参数的估算。

$$\mu_{PS} = 2.382\ 36 + 0.012\ 15 \cdot \ln c_{PS} - 0.448\ 46 \cdot \ln T_{PS} \quad R^2 = 0.998$$

$$（A.1）$$

式中　μ_{PS}——过硫酸钠溶液黏度,mPa·s;

c_{PS}——过硫酸钠浓度(0.01 ~ 0.2 mol/L);

T_{PS}——过硫酸钠溶液温度(20 ~ 80 ℃)。

采用同样方法,通过实验测定了实验用过硫酸钠／尿素复合溶液的黏度值,并将所得数据进行多元非线性拟合得到相关经验方程(A.2):

$$\mu_{PSU} = \begin{bmatrix} 2.175\ 38 - 0.305\ 75 \cdot \ln T + 0.056\ 42 \cdot \ln c_{PS} + \\ 0.108\ 16 \cdot \ln(c_{urea} + 0.580\ 71) \end{bmatrix} \quad R^2 = 0.972$$

$$（A.2）$$

式中　c_{urea}——尿素浓度(0.1 ~ 4 mol/L)。

A2　CO_2 吸收体系溶液黏度测定

利用 $NaClO - Na_2CO_3/NaHCO_3$ 吸收 CO_2 体系和 NaOH 吸收 CO_2 体系测定鼓泡反应器的传质特性参数时,首先要知道 $Na_2CO_3/NaHCO_3$ 缓冲溶液和 NaOH 溶液黏度。缓冲溶液中 Na_2CO_3 和 $NaHCO_3$ 浓度为恒定值 0.5 mol/L, NaOH 溶液浓度为 0.04、0.06、0.08 mol/L。表 A.1 列出了两种溶液在不同温度下对应浓度的黏度值。

表 A.1　CO$_2$ 吸收体系溶液黏度

温度 /K	Na$_2$CO$_3$/NaHCO$_3$ 缓冲溶液 / ($\times 10^{-4}$Pa $\cdot$ s)	0.04 mol/L NaOH 溶液 / ($\times 10^{-4}$Pa $\cdot$ s)	0.06 mol/L NaOH 溶液 / ($\times 10^{-4}$Pa $\cdot$ s)	0.08 mol/L NaOH 溶液 / ($\times 10^{-4}$Pa $\cdot$ s)
293.15	13.6	10.0	10.1	10.1
298.15	12.2	8.93	8.95	8.97
303.15	10.8	8.10	8.15	8.24
313.15	8.81	6.70	6.80	6.90
323.15	7.31	5.50	5.52	5.64
333.15	6.05	4.59	4.61	4.73

附录 B   物性参数计算

B1   溶解度系数

B1.1 CO_2 和 NO 在纯水中的溶解度及溶解度系数

根据亨利定律,CO_2 和 NO 在纯水中的溶解度及溶解度系数可由方程 (B.1) 和 (B.2) 计算得出:

$$c_{A,w} = \frac{\rho_w}{M_w} \cdot x_A \tag{B.1}$$

$$H_{A,w} = \frac{\rho_w}{M_w \cdot E_A} \tag{B.2}$$

式中 $c_{A,w}$——气体 A 在纯水中的溶解度,mol/L;

　　　ρ_w——纯水密度,g/L;

　　　M_w——水的摩尔质量,18 g/mol;

　　　x_A——气体 A 在纯水中的摩尔分率,无量纲;

　　　$H_{A,w}$——气体 A 在纯水中的溶解度系数,mol/(L·Pa);

　　　E_A——气体 A 在纯水中的亨利系数,MPa。

相关计算结果如表 B.1 和 B.2 所示。

表 B.1 CO_2 在不同温度纯水中的溶解度、亨利系数及溶解度系数

温度/K	纯水密度/ ($g \cdot L^{-1}$)	CO_2 摩尔分率/ × 10^{-4}	CO_2 溶解度/ (× 10^{-2} mol · L^{-1})	CO_2 亨利系数/ (× 10^2 MPa)	CO_2 溶解度系数 /(× 10^{-7} mol · L^{-1} · Pa^{-1})
293.15	998.2	7.04	3.92	1.44	3.85
298.15	997.1	6.10	3.41	1.66	3.34
303.15	995.7	5.39	2.99	1.88	2.94
313.15	992.2	4.29	2.37	2.36	2.34
323.15	988.0	3.53	1.94	2.87	1.91
333.15	983.2	2.93	1.60	3.46	1.58

表 B.2　NO 在不同温度纯水中的溶解度、亨利系数及溶解度系数

温度 /K	纯水密度 /(g·L^{-1})	NO 摩尔分率 ×10^{-5}	NO 溶解度 /(×10^{-3} mol·L^{-1})	NO 亨利系数 /(×10^3 MPa)	NO 溶解度系数 /(×10^{-8} mol·L^{-1}·Pa^{-1})
293.15	998.2	3.79	2.10	2.67	2.08
298.15	997.1	3.48	1.93	2.91	1.90
303.15	995.7	3.22	1.78	3.14	1.76
313.15	992.2	2.84	1.56	3.57	1.54
323.15	988.0	2.58	1.41	3.95	1.39
333.15	983.2	2.40	1.31	4.24	1.29

B1.2　CO$_2$ 和 NO 在电解质溶液中的溶解度及溶解度系数

当吸收剂为电解质溶液时,溶液中的离子成分会对气体溶解度存在一定的影响。可由 Van – Krevelen 和 Hoftyzer 经验公式(B.3)～(B.6)计算气体在电解质溶液中的溶解度系数,可根据经验公式(B.7)计算气体在非电解质溶液中的溶解度系数。

$$\lg \frac{c_{A,w}}{c_{A,L}} = \sum h \cdot I_i \qquad (B.3)$$

$$\lg \frac{H_{A,w}}{H_{A,L}} = \sum h \cdot I_i \qquad (B.4)$$

$$I = \frac{1}{2} \sum c_i \cdot Z_i^2 \qquad (B.5)$$

$$h = h_+ + h_- + h_G \qquad (B.6)$$

$$\lg \frac{H_{A,w}}{H_{A,L}} = h_s \cdot c_{a,L} \qquad (B.7)$$

式中　　$c_{A,L}$——气体 A 在电解质溶液中的溶解度,mol/L;

　　　　$H_{A,L}$——气体 A 在电解质溶液中的溶解度系数,mol/(L·Pa);

　　　　I_i——电解质溶液中电解质的离子强度,mol/L;

　　　　c_i——离子浓度,mol/L;

　　　　Z_i——离子阶数,无量纲;

　　　　h——电解质溶液的总盐效应系数,L/mol;

　　　　h_+——电解质溶液中正离子对总盐效应系数 h 的贡献部分,L/mol;

h_- —— 电解质溶液中负离子对总盐效应系数 h 的贡献部分，L/mol；

h_G —— 电解质溶液中溶质气体对总盐效应的贡献部分，L/mol；

h_s —— 非电解质物质的盐效应系数，L/mol；

$c_{a,L}$ —— 非电解质物质 a 在溶液中的浓度，mol/L。

CO_2 在缓冲溶液中及不同浓度的 NaOH 溶液中的溶解度及溶解度系数计算结果如表 B.3 ~ B.6 所示。

表 B.3　不同温度下 CO_2 在缓冲溶液中的溶解度及溶解度系数

温度/K	$hI(Na_2CO_3)/$ $\times 10^{-1}$	$hI(NaHCO_3)/$ $\times 10^{-2}$	CO_2 溶解度/($\times 10^{-3}$ mol·L^{-1})	CO_2 溶解度系数/($\times 10^{-8}$ mol·L^{-1}·Pa^{-1})
293.15	1.98	9.26	22.4	22.0
298.15	1.94	9.14	19.8	19.4
303.15	1.91	9.04	17.7	17.4
313.15	1.87	8.88	14.2	14.0
323.15	1.83	8.76	11.8	11.7
333.15	1.80	8.67	9.18	9.06

表 B.4　不同浓度 NaOH 溶液不同温度下的总盐效应系数与离子强度乘积

温度/K	$hI(0.04$ mol/L NaOH)/ $\times 10^{-3}$	$hI(0.06$ mol/L NaOH)/ $\times 10^{-3}$	$hI(0.08$ mol/L NaOH)/ $\times 10^{-2}$
293.15	5.76	8.64	1.15
298.15	5.67	8.50	1.13
303.15	5.59	8.38	1.12
313.15	5.46	8.19	1.09
323.15	5.36	8.04	1.07
333.15	5.29	7.94	1.06

表 B.5　不同温度下 CO_2 在不同浓度 NaOH 溶液中的溶解度

温度/K	0.04 mol/L NaOH 溶液中的 CO_2 溶解度/($\times 10^{-2}$ mol·L^{-1})	0.06 mol/L NaOH 溶液中的 CO_2 溶解度/($\times 10^{-2}$ mol·L^{-1})	0.08 mol/L NaOH 溶液中的 CO_2 溶解度/($\times 10^{-2}$ mol·L^{-1})
293.15	3.87	3.84	3.82
298.15	3.36	3.34	3.32
303.15	2.95	2.94	2.92

续表B.5

温度 /K	0.04 mol/L NaOH 溶液中的 CO_2 溶解度 $/(\times 10^{-2}\ mol \cdot L^{-1})$	0.06 mol/L NaOH 溶液中的 CO_2 溶解度 $/(\times 10^{-2}\ mol \cdot L^{-1})$	0.08 mol/L NaOH 溶液中的 CO_2 溶解度 $/(\times 10^{-2}\ mol \cdot L^{-1})$
313.15	2.34	2.33	2.31
323.15	1.92	1.91	1.90
333.15	1.58	1.57	1.56

表 B.6　不同温度下 CO_2 在不同浓度 NaOH 溶液中的溶解度系数

温度 /K	0.04 mol/L NaOH 溶液中的 CO_2 溶解度系数 $/(\times 10^{-7}\ mol \cdot L^{-1} \cdot Pa^{-1})$	0.06 mol/L NaOH 溶液中的 CO_2 溶解度系数 $/(\times 10^{-7}\ mol \cdot L^{-1} \cdot Pa^{-1})$	0.08 mol/L NaOH 溶液中的 CO_2 溶解度系数 $/(\times 10^{-7}\ mol \cdot L^{-1} \cdot Pa^{-1})$
293.15	3.80	3.78	3.75
298.15	3.29	3.27	3.25
303.15	2.90	2.89	2.87
313.15	2.31	2.29	2.28
323.15	1.89	1.88	1.87
333.15	1.56	1.55	1.54

不同温度条件下,NO 在不同浓度过硫酸钠溶液中的溶解度及溶解度系数计算结果如表 B.7 ~ B.8 所示。为方便后期计算,根据 NO 在不同过硫酸钠浓度及不同尿素浓度条件下,过硫酸钠／尿素复合溶液中的溶解度系数计算结果,将计算结果进行多元非线性拟合得出 NO 在复合溶液中的溶解度系数计算方程:

$$H_{NO,PSU} = \begin{pmatrix} 2.588\,92 \times 10^{-8} + 2.350\,78 \times 10^{-12} \cdot T^2 - \\ 3.570\,96 \times 10^{-10} \cdot T - 1.196\,86 \times 10^{-8} \cdot c_{PS} - \\ 4.524\,95 \times 10^{-10} \cdot c_{urea} \end{pmatrix} \quad R^2 = 0.995$$

(B.8)

式中　　c_{PS}——过硫酸钠浓度,mol/L;

$\quad\quad\quad c_{urea}$——尿素浓度,mol/L;

$\quad\quad\quad T$——反应温度,℃。

表 B.7　不同温度下 NO 在不同浓度过硫酸钠溶液中的溶解度

温度 /K	0.01 mol/L Na$_2$S$_2$O$_8$ 溶液中的 NO 溶解度 /（× 10^{-3} mol/L^{-1}）	0.05 mol/L Na$_2$S$_2$O$_8$ 溶液中的 NO 溶解度 /（× 10^{-3} mol/L^{-1}）	0.1 mol/L Na$_2$S$_2$O$_8$ 溶液中的 NO 溶解度 /（× 10^{-3} mol/L^{-1}）	0.2 mol/L Na$_2$S$_2$O$_8$ 溶液中的 NO 溶解度 /（× 10^{-3} mol/L^{-1}）
293.15	2.08	2.00	1.91	1.75
298.15	1.91	1.84	1.76	1.60
303.15	1.77	1.70	1.63	1.48
313.15	1.55	1.49	1.43	1.30
323.15	1.40	1.35	1.29	1.18
333.15	1.30	1.25	1.20	1.09

表 B.8　不同温度下 NO 在不同浓度过硫酸钠溶液中的溶解度系数

温度 /K	0.01 mol/L Na$_2$S$_2$O$_8$ 溶液中的 NO 溶解度系数 /（× 10^{-8} mol · L^{-1} · Pa^{-1}）	0.05 mol/L Na$_2$S$_2$O$_8$ 溶液中的 NO 溶解度系数 /（× 10^{-8} mol · L^{-1} · Pa^{-1}）	0.1 mol/L Na$_2$S$_2$O$_8$ 溶液中的 NO 溶解度系数 /（× 10^{-8} mol · L^{-1} · Pa^{-1}）	0.2 mol/L Na$_2$S$_2$O$_8$ 溶液中的 NO 溶解度系数 /（× 10^{-8} mol · L^{-1} · Pa^{-1}）
293.15	1.98	1.98	1.89	1.73
298.15	1.82	1.82	1.74	1.58
303.15	1.68	1.68	1.61	1.46
313.15	1.47	1.47	1.41	1.28
323.15	1.33	1.33	1.27	1.16
333.15	1.23	1.23	1.17	1.07

B2　扩散系数

B2.1　液相扩散系数

CO$_2$ 在纯水中的扩散系数可由下式计算得出：

$$\lg D_{\mathrm{CO_2,w}} = -8.1764 + \frac{712.5}{T} - \frac{2.591 \times 10^5}{T^2} \tag{B.9}$$

式中　$D_{CO_2,w}$——CO_2 在纯水中的扩散系数，m^2/s；

　　　T—— 纯水温度，K。

CO_2 在液相中的扩散系数可由下式计算得出：

$$\frac{D_{CO_2,L}}{D_{CO_2,w}} = \left(\frac{\mu_w}{\mu_b}\right)^{0.818} \tag{B.10}$$

式中　$D_{CO_2,L}$——CO_2 在缓冲溶液中的扩散系数，m^2/s；

　　　μ_w—— 纯水黏度，$Pa \cdot s$；

　　　μ_b—— 缓冲溶液黏度，$Pa \cdot s$。

NO 的液相扩散系数存在 Wilke - Chang 经验公式（B.11）。因此，当 NO 在纯水中的扩散系数已知时，NO 在液相中的扩散系数可由式（B.12）计算得出。

$$\frac{D_{NO} \cdot \mu}{T} = C \tag{B.11}$$

$$D_{NO,L} = D_{NO,w} \cdot \frac{\mu_{NO,w}}{\mu_{NO,L}} \tag{B.12}$$

式中　C—— 常数；

　　　$D_{NO,w}$——NO 在纯水中的扩散系数，m^2/s；

　　　$D_{NO,L}$—— 溶液中的液相扩散系数，m^2/s；

　　　$\mu_{NO,w}$—— 纯水黏度，$Pa \cdot s$；

　　　$\mu_{NO,L}$—— 对应溶液黏度，$Pa \cdot s$。

根据式（B.9）～（B.12）可计算出 NO 和 CO_2 在各自对应吸收溶液中的液相扩散系数，计算结果如表 B.9 ～ B.10 所示。此外，可进一步计算得出 NO 在过硫酸钠／尿素复合溶液中，不同浓度过硫酸钠浓度、不同尿素浓度、不同温度条件下对应的液相扩散系数。为了方便后期计算，将计算结果进行多元非线性拟合，得出 NO 在过硫酸钠／尿素复合溶液中的扩散系数计算方程：

$$D_{NO,PUS} = \exp\begin{bmatrix} -21.218\,7 + 0.018\,86 \cdot (\ln T)^{3.373\,48} - \\ 0.078\,92 \cdot \ln c_{PS} - 0.025\,46 \cdot c_{urea}^3 + \\ 0.118\,77 \cdot c_{urea}^2 - 0.246\,07 \cdot c_{urea} \end{bmatrix} \quad R^2 = 0.975$$

$$\tag{B.13}$$

式中　$D_{NO,PUS}$——NO 在过硫酸钠／尿素复合溶液中的液相扩散系数，m^2/s；

　　　T—— 过硫酸钠／尿素复合溶液温度，℃。

表 B.9　CO_2 在纯水、缓冲溶液以及不同浓度 NaOH 溶液中的液相扩散系数

温度/K	纯水中的 CO_2 扩散系数/ $(\times 10^{-9}$ m² · s⁻¹)	缓冲溶液中的 CO_2 扩散系数 / $(\times 10^{-9}$ m² · s⁻¹)	0.04 mol/L NaOH 溶液中的 CO_2 扩散系数 / $(\times 10^{-9}$ m² · s⁻¹)	0.04 mol/L NaOH 溶液中的 CO_2 扩散系数 / $(\times 10^{-9}$ m² · s⁻¹)	0.04 mol/L NaOH 溶液中的 CO_2 扩散系数 / $(\times 10^{-9}$ m² · s⁻¹)
293.15	1.734 2	1.349 1	1.730 6	1.727 8	1.725 0
298.15	1.988 9	1.536 6	1.984 3	1.980 7	1.977 1
303.15	2.262 3	1.764 4	2.232 6	2.221 3	2.202 6
313.15	2.862 1	2.240 2	2.802 6	2.768 8	2.735 9
323.15	3.525 9	2.781 4	3.512 8	3.502 4	3.441 2
333.15	4.244 3	3.428 3	4.301 0	4.285 8	4.196 5

表 B.10　NO 在纯水及不同浓度 $Na_2S_2O_8$ 溶液中的液相扩散系数

温度/K	纯水中的 NO 扩散系数/ $(\times 10^{-9}$ m² · s⁻¹)	0.01 mol/L $Na_2S_2O_8$ 溶液中的 NO 扩散系数/ $(\times 10^{-9}$ m² · s⁻¹)	0.05 mol/L $Na_2S_2O_8$ 溶液中的 NO 扩散系数/ $(\times 10^{-9}$ m² · s⁻¹)	0.1 mol/L $Na_2S_2O_8$ 溶液中的 NO 扩散系数/ $(\times 10^{-9}$ m² · s⁻¹)	0.2 mol/L $Na_2S_2O_8$ 溶液中的 NO 扩散系数/ $(\times 10^{-9}$ m² · s⁻¹)
293.15	1.53	1.56	1.53	1.51	1.50
298.15	2.10	2.12	2.07	2.05	2.03
303.15	2.95	2.94	2.87	2.84	2.81
313.15	3.84	3.73	3.63	3.58	3.54
323.15	7.02	6.71	6.49	6.40	6.31
333.15	11.5	10.9	10.5	10.3	10.2

B2.2　气相扩散系数

由于模拟烟气中的主要成分为氮气，为简化计算，这里仅考虑 CO_2 或 NO 分别在氮气中的二元扩散系数。对于二元扩散体系，可利用 Chapman – Enskog 理论方程(B.14) ~ (B.16)对二元气相扩散系数进行计算。取 $f_D = 1$ 且用理想气体方程表示 n，则式(B.14)可变为式(B.16)。

$$D_{AB} = \frac{(3/16)(4 \cdot \pi \cdot k_B \cdot T/M_{AB})^{0.5} \cdot f_D}{n^* \cdot \pi \cdot \sigma_{AB}^2 \cdot \Omega_D} \qquad (B.14)$$

$$M_{AB} = \frac{2}{1/M_A + 1/M_B} \qquad (B.15)$$

$$D_{AB} = 0.002\,66 \cdot \frac{T^{1.5}}{p \cdot M_{AB}^{0.5} \cdot \sigma_{AB}^2 \cdot \Omega_D} \qquad (B.16)$$

式中　　M_A、M_B——气体 A、B 的分子量;

D_{AB}—— 扩散系数,cm^2/s;

p—— 气体压力,atm(1 atm = 101.325 kPa);

σ_{AB}—— 特征长度,$\overset{\circ}{A}$(1 $\overset{\circ}{A}$ = 0.1 nm);

Ω_D—— 扩散碰撞积分,无量纲;

T—— 温度,K。

根据伦纳德·琼斯(Lennard - Jones)势能函数式(B.17)~(B.19)对特征长度和扩散碰撞积分进行计算。相关 Lennard - Jones 势能参数如表 B.11 所示。

$$\sigma_{AB} = \frac{\sigma_A + \sigma_B}{2} \qquad (B.17)$$

$$\Omega_D = \frac{A}{T^* \cdot B} + \frac{C}{\exp(D \cdot T^*)} + \frac{E}{\exp(F \cdot T^*)} + \frac{G}{\exp(H \cdot T^*)} \qquad (B.18)$$

$$T^* = \frac{T}{\sqrt{\dfrac{\varepsilon_A}{k_B} \cdot \dfrac{\varepsilon_B}{k_B}}} \qquad (B.19)$$

式(B.18)中,$A = 1.060\,36$;$B = 0.156\,10$;$C = 0.193$;$D = 0.476\,35$;$E = 1.035\,87$;$F = 1.529\,96$;$G = 1.764\,74$;$H = 3.894\,11$。

表 B.11　Lennard - Jones 势参数

物质	CO_2	N_2	NO
$\sigma/\overset{\circ}{A}$	3.941	3.798	1.286
$\dfrac{\varepsilon}{k_B}/K$	195.2	71.4	599.9

CO_2 和 NO 的气相扩散系数可通过方程(B.16)~(B.19)计算得出,计算结果如表 B.12 所示。

表 B.12 CO_2 和 NO 在气相中的扩散系数

温度 /K	CO_2 气相扩散系数 / ($\times 10^{-6}$ $m^2 \cdot s^{-1}$)	NO 气相扩散系数 / ($\times 10^{-6}$ $m^2 \cdot s^{-1}$)
293.15	4.60	7.65
298.15	4.80	7.98
303.15	5.01	8.32
313.15	5.43	9.04
323.15	5.88	9.78
333.15	6.35	10.6

附录 C　传质参数测定

C1　CO_2 液相传质系数与气液比相界面积测定

相关研究表明，CO_2 与 $NaClO - Na_2CO_3/NaHCO_3$ 溶液气液反应是一个拟一级反应过程，并且该过程满足 Danckwerts 标绘的要求，CO_2 吸收速率的表达式如下：

$$R_{CO_2} = c_{CO_2,i} \cdot a_{CO_2,L} \cdot \sqrt{k_{CO_2,L}^2 + k_1 \cdot D_{CO_2,L}} \tag{C.1}$$

式中　R_{CO_2}——CO_2 体积吸收速率，$mol/(m^3 \cdot s)$；

$c_{CO_2,i}$——CO_2 在气液界面处浓度，mol/L；

$a_{CO_2,L}$——气液比相界面积，m^2/m^3；

$k_{CO_2,L}$——CO_2 在缓冲溶液中的液相传质系数，m/s；

k_1——缓冲溶液吸收 CO_2 的拟一级反应速率常数，s^{-1}；

$D_{CO_2,L}$——CO_2 在缓冲溶液中的扩散系数，m^2/s。

由于采用高纯 CO_2 气体进行吸收实验，气相侧传质阻力为 0，即 $p_{CO_2,G} = p_{CO_2,i}$，则 $c_{CO_2,i} = c_{CO_2,i}^e$。$c_{CO_2,i}^e$ 为 CO_2 在缓冲溶液中的饱和溶解度，mol/L。因此，式（C.1）可进一步整理成式（C.2）。由式（C.2）可知，$(R_{CO_2}/c_{CO_2,i}^e)^2$ 与 $k_1 \cdot D_{CO_2,L}$ 呈线性关系。

$$\left(\frac{R_{CO_2}}{c_{CO_2,L}^e}\right)^2 = a_{CO_2,L}^2 \cdot k_1 \cdot D_{CO_2,L} + (a_{CO_2,L} \cdot k_{CO_2,L})^2 \tag{C.2}$$

相关研究表明，高纯 CO_2 在 $NaClO - Na_2CO_3/NaHCO_3$ 溶液中吸收的拟一级反应速率常数 k_1 与催化剂 $NaClO$ 浓度存在如下所示经验关系：

$$k_1 = 0.85 + 2\,120 \cdot c_{NaClO} \tag{C.3}$$

式中　c_{NaClO}——$NaClO$ 催化剂浓度，mol/L。

因此，在一定温度条件下，通过控制改变催化剂 $NaClO$ 浓度来改变拟一级反应速率常数 k_1 值。进而得到 $(R_{CO_2}/c_{CO_2,i}^e)^2$ 与 $k_1 \cdot D_{CO_2,L}$ 的线性拟合函数，直线斜率为 $a_{CO_2,L}^2$，截距即为 $(a_{CO_2,L} \cdot k_{CO_2,L})^2$。

按照 2.3.2 节所述实验方法及上述计算方法，分别研究不同反应温度和气体流量对传质参数的影响，对所得实验数据进行多元非线性拟合得到 CO_2 液相传质系数及气液比相界面积关于反应温度和气体流量的经验方程。

C2　CO_2 气相传质系数测定

相关研究表明，CO_2 与 $NaOH$ 溶液的气液反应是一个拟二级反应过程，并且该过程满足 Danckwerts 标绘要求，标绘公式如下：

$$\frac{a_{CO_2,L} \cdot p_G}{R_{CO_2}} = \frac{1}{k_{CO_2,G}} + \frac{1}{H_{CO_2,L} \cdot \sqrt{k_{2,NaOH} \cdot c_{NaOH} \cdot D_{CO_2,NaOH}}} \qquad (C.4)$$

式中　R_{CO_2}——CO$_2$ 在 NaOH 溶液中的吸收速率，mol/(L·s)；

　　　p_G——反应器内压力，kPa；

　　　$k_{CO_2,G}$——CO$_2$ 的气相传质系数，mol/(m^2·s·Pa)；

　　　$H_{CO_2,L}$——CO$_2$ 在 NaOH 溶液中的溶解度系数，mol/(m^3·Pa)；

　　　$k_{2,NaOH}$——NaOH 溶液吸收 CO$_2$ 过程的拟二级反应速率常数，m^3/(mol·s)；

　　　c_{NaOH}——NaOH 溶液的浓度，mol/m^3；

　　　$D_{CO_2,NaOH}$——CO$_2$ 在 NaOH 溶液中的扩散系数，m^2/s。

在无限稀溶液中，CO$_2$ 与 NaOH 反应的拟二级反应速率常数 $k_{2,NaOH}$ 可通过式（C.5）～（C.6）进行计算：

$$\lg k_{2,NaOH} = \lg k_2^\infty + 0.221 \cdot I - 0.016 \cdot I^2 \qquad (C.5)$$

$$\lg k_2^\infty = 11.895 - 2382/T \qquad (C.6)$$

式中　k_2^∞——无限稀溶液中 CO$_2$ 与 NaOH 反应的二级反应速率常数，m^3/(×10^3 mol·s)。

按照 2.3.2 节所述实验方法，实验测定不同反应温度和气体流量条件下，不同浓度 NaOH 溶液的拟二级反应速率常数及 CO$_2$ 吸收速率。对比标绘公式（B.17），以 $1/H_{CO_2,L} \cdot \sqrt{k_{2,NaOH} \cdot c_{NaOH} \cdot D_{CO_2,L}}$ 为横坐标，$a_{CO_2,L} \cdot p_G/R_{CO_2}$ 为纵坐标进行线性拟合，根据线性拟合公式截距计算 CO$_2$ 气相传质系数 $k_{CO_2,G}$。

主要符号表

1. 化学物质名称表

化学式	名称	化学式	名称
$S_2O_8^{2-}$	过硫酸根离子	$HS_2O_8^-$	过硫酸氢根离子
$SO_4^{\cdot-}$	硫酸根自由基	SO_4	四氧化硫
H_2O	水	H_2SO_5	过硫酸
H^+	氢离子	HSO_5^-	过硫酸氢根离子
SO_4^{2-}	硫酸根离子	O_2	氧气
$OH^{\cdot}$	羟基自由基	$O^{\cdot-}$	氧自由基
SO_2	二氧化硫	H_2O_2	过氧化氢
HSO_3^-	亚硫酸氢根		
SO_3^{2-}	亚硫酸根		
$SO_3^{\cdot-}$	亚硫酸根自由基		
NO	一氧化氮		
NO_2^-	亚硝酸根离子		
HSO_4^-	硫酸氢根离子		
OH^-	氢氧根离子		
NO_2	二氧化氮		
NO_3^-	硝酸根离子		
HNO_2	亚硝酸		
HNO_3	硝酸		
N_2	氮气		
$(NH_2)_2CO$	碳酰胺(尿素)		
NH_4^+	铵根离子		
CO_2	二氧化碳		
NH_2COONH_4	氨基甲酸铵		
$[(NH_2)_2CO]^{\cdot}$	尿素自由基		

2. 公式符号表

公式符号	物理意义	单位
$\Delta_r G_m^{\ominus}$	标准吉布斯自由能变	kJ/mol
$\Delta_f G_m^{\ominus}$	反应物质标准吉布斯自由能	kJ/mol
γ_A	化学反应方程式中的物质计量数	—
T	反应温度	K（或 ℃）
$\Delta_r G_m(T)$	化学反应对应吉布斯自由能变	kJ/mol
$\Delta_r H_m(T)$	化学反应对应的焓变	kJ/mol
$\Delta_r S_m(T)$	化学反应对应的熵变	kJ/mol
$\Delta_r H_m^{\ominus}$	化学反应标准生成焓	kJ/mol
$\Delta_r C_{p,m}^{\ominus}$	物质标准摩尔定压热容	kJ/(mol·K)
$\Delta_f H_m^{\ominus}$	反应物对应标准生成焓	kJ/mol
$\Delta_f C_{p,m}^{\ominus}$	反应物对应标准摩尔定压热容	kJ/(mol·K)
$\Delta_r S_m^{\ominus}$	化学反应标准熵变	kJ/(mol·K)
$\Delta_f S_m^{\ominus}$	反应物标准熵变	kJ/(mol·K)
R	摩尔气体常数	J/(mol·K)
$K_p^{\ominus}$	化学反应平衡常数	—
J_p	压力熵	—
p_C	气体 C 分压	MPa
$p^{\ominus}$	标准大气压	MPa
γ_c	化学反应气体计量系数	—
R_{NO}	NO 吸收速率	mol/(m³·s)
$k_{m,n}$	拟 $m+n$ 级总反应的反应速率常数	
c_{NO}	液相中 NO 的浓度	mol/L
c_{PS}	液相中过硫酸根的浓度	mol/L
m、n	反应级数	—
k_m	m 级反应对应的速率常数	
N_{NO}	NO 吸收速率	mol/(m²·s)
$k_{NO,G}$	气相传质系数	mol/(s·m²·Pa)
$p_{NO,G}$	气相主体 NO 分压	Pa

续表

公式符号	物理意义	单位
$p_{NO,i}$	气液界面 NO 分压	Pa
$c_{NO,i}$	相界面 NO 浓度	mol/L
$c_{NO,L}$	液相主体 NO 浓度	mol/L
$k_{NO,L}$	液相传质系数	m/s
β	化学反应增强因子	—
$H_{NO,L}$	NO 在液相中的溶解度系数	mol/(L·Pa)
β_i	瞬时增强因子	
H_a	八田数	
$D_{NO,L}$	NO 液相扩散系数	m²/s
μ_{PS}	过硫酸钠溶液黏度	mPa·s
$H_{NO,PS}$	NO 在过硫酸钠溶液中的溶解度系数	mol/(L·Pa)
$H_{NO,w}$	NO 在纯水中的溶解度系数	mol/(L·Pa)
$D_{NO,PS}$	NO 在过硫酸钠溶液中的扩散系数	m²/s
$D_{NO,w}$	NO 在纯水中的扩散系数	m²/s
$D_{NO,G}$	NO 在气相中的扩散系数	m²/s
$k_{NO,PS}$	NO 在过硫酸钠溶液中的液相传质系数	m/s
$a_{NO,L}$	鼓泡反应器中 NO 的气液比相界面积	m²/m³
$k_{NO,G}$	NO 气相传质系数	mol/(m²·s·Pa)
$k_{CO_2,L}$	CO_2 缓冲溶液液相传质系数	m/s
$a_{CO_2,L}$	鼓泡反应器中 CO_2 的气液比相界面积	m²/m³
$k_{CO_2,G}$	CO_2 气相传质系数	mol/(m²·s·Pa)
$D_{CO_2,G}$	CO_2 气相扩散系数	m²/s
Q_{NO}	NO 气体流量	L/min
c_{PS}	过硫酸钠浓度	mol/L
E_{NO}	NO 去除效率	%
$C_{NO,in}$	NO 入口质量浓度	g/L
M_{NO}	NO 的摩尔质量	g/mol
V_L	吸收溶液体积	L

续表

公式符号	物理意义	单位
$k_{m,T}$	不同温度下过硫酸钠溶液一体化吸收过程 NO 反应速率常数	s^{-1}
$k_{m,PS}$	不同过硫酸钠浓度下过硫酸钠溶液一体化吸收过程 NO 反应速率常数	s^{-1}
$k_{m,SO2}$	不同 SO_2 浓度下过硫酸钠溶液一体化吸收过程 NO 反应速率常数	s^{-1}
$k_{m,NO}$	不同 NO 浓度下过硫酸钠溶液一体化吸收过程 NO 反应速率常数	s^{-1}
$k_{m,pH}$	不同溶液 pH 值下过硫酸钠溶液一体化吸收过程 NO 反应速率常数	s^{-1}
φ_{SO2}	SO_2 浓度	$\times 10^{-6}$
φ_{NO}	NO 浓度	$\times 10^{-6}$
V_{pH}	过硫酸钠溶液初始 pH 值	—
$R_{NO,total}$	过硫酸钠／尿素复合溶液吸收 NO 的总反应速率	$mol/(m^3 \cdot s)$
$R_{NO,PS}$	过硫酸钠氧化吸收 NO 的分反应速率	$mol/(m^3 \cdot s)$
$R_{NO,urea}$	尿素还原吸收 NO 的分反应速率	$mol/(m^3 \cdot s)$
$k_{NO,urea}$	尿素还原吸收 NO 的分反应速率常数	$L/(mol \cdot s)$
c_{urea}	复合溶液中尿素浓度	mol/L
$k_{NO,PS}$	过硫酸钠氧化吸收 NO 的分反应速率常数	$L/(mol \cdot s)$
$k_{NO,total}$	过硫酸钠／尿素复合溶液吸收 NO 过程的总反应速率常数	s^{-1}
$D_{NO,PSU}$	NO 在过硫酸钠／尿素复合溶液中的液相扩散系数	m^2/s
$k_{NO,PSU}$	NO 在过硫酸钠／尿素复合溶液中的液相传质系数	m/s
$\beta_{i,PSU}$	过硫酸钠／尿素复合溶液吸收 NO 过程对应的瞬时增强因子	—
$\beta_{i,urea}$	尿素还原吸收 NO 过程对应瞬时增强因子	—
$\beta_{i,PS}$	过硫酸钠氧化吸收 NO 过程对应瞬时增强因子	—

续表

公式符号	物理意义	单位
$D_{urea,L}$	尿素的液相扩散系数	m^2/s
$D_{PS,L}$	过硫酸钠的液相扩散系数	m^2/s
$\nu_{NO,urea}$	NO 与尿素反应的化学当量系数	—
$\nu_{NO,PS}$	NO 与过硫酸钠反应的化学当量系数	—
$k_{NO,total,T}$	不同反应温度下复合溶液一体化吸收过程 NO 反应速率常数	s^{-1}
$k_{NO,total,urea}$	不同尿素浓度下复合溶液一体化吸收过程 NO 反应速率常数	s^{-1}
$k_{NO,total,PS}$	不同过硫酸钠浓度下复合溶液一体化吸收过程 NO 反应速率常数	s^{-1}
$k_{NO,total,CNO}$	不同 NO 初始浓度下复合溶液一体化吸收过程 NO 反应速率常数	s^{-1}
$k_{NO,total,CSO_2}$	不同 SO_2 初始浓度下复合溶液一体化吸收过程 NO 反应速率常数	s^{-1}
$k_{NO,total,pH}$	不同初始 pH 值下复合溶液一体化吸收过程 NO 反应速率常数	s^{-1}
λ	液相有效因子	—
$c_{A,w}$	气体 A 在纯水中的溶解度	mol/L
ρ_w	纯水密度	g/L
M_w	水的摩尔质量	g/mol
x_A	气体 A 在纯水中的摩尔分率	—
$H_{A,w}$	气体 A 在纯水中的溶解度系数	$mol/(L \cdot Pa)$
E_A	气体 A 在纯水中的亨利系数	MPa
$c_{A,L}$	气体 A 在电解质溶液中的溶解度	mol/L
$H_{A,L}$	气体 A 在电解质溶液中的溶解度系数	$mol/(L \cdot Pa)$
I_i	电解质溶液中电解质的离子强度	mol/L
c_i	离子浓度	mol/L
Z_i	离子阶数	—
h	电解质溶液的总盐效应系数	L/mol

续表

公式符号	物理意义	单位
h_+	正离子对总盐效应系数 h 的贡献部分	L/mol
h_-	负离子对总盐效应系数 h 的贡献部分	L/mol
h_G	溶质气体对总盐效应的贡献部分	L/mol
$D_{CO_2,L}$	CO_2 在缓冲溶液中的扩散系数	m^2/s
μ_w	纯水黏度	$Pa \cdot s$
μ_b	缓冲溶液黏度	$Pa \cdot s$
$D_{NO,w}$	NO 在纯水中的扩散系数	m^2/s
$\mu_{NO,w}$	纯水黏度	$Pa \cdot s$
$\mu_{NO,L}$	对应溶液黏度	$Pa \cdot s$
D_{AB}	扩散系数	cm^2/s
σ_{AB}	特征长度	$\overset{\circ}{A}$
Ω_D	扩散碰撞积分	—
R_{CO_2}	CO_2 体积吸收速率	$mol/(m^3 \cdot s)$
$C_{CO_2,i}$	CO_2 在气液界面处浓度	mol/L
k_1	缓冲溶液吸收 CO_2 的拟一级反应速率常数	s^{-1}
c_{NaClO}	NaClO 催化剂浓度	mol/L
p_G	反应器内压力	kPa
$H_{CO_2,L}$	CO_2 在 NaOH 溶液中的溶解度系数	$mol/(m^3 \cdot Pa)$
$k_{2,NaOH}$	NaOH 溶液吸收 CO_2 过程的拟二级反应速率常数	$m^3/(mol \cdot s)$
c_{NaOH}	NaOH 溶液的浓度	mol/m^3
$D_{CO_2,NaOH}$	CO_2 在 NaOH 溶液中的扩散系数	m^2/s

参 考 文 献

［1］ Equasis. The world merchant fleet in 2018［R］. Lisbon：Equasis,2019.

［2］ 综合规划司. 2018 年交通运输行业发展统计公报［R］. 北京：中华人民共和国交通运输部,2019.

［3］ UN Trade and Development. Review of maritime transport 2019［R］. New York：UN Trade and Development,2020.

［4］ HUANG C,HU Q Y,LI Y J,et al. Intermediate volatility organic compound emissions from a large cargo vessel operated under real-world conditions［J］. Environmental science & technology,2018,52(21)：12934-12942.

［5］ International Maritime Organization. Third IMO Greenhouse Gas Study 2014［R］. London：International Maritime Organization,2015.

［6］ SORTE S,RODRIGUES V,BORREGO C,et al. Impact of harbour activities on local air quality：A review［J］. Environmental pollution,2020,257：113542.

［7］ FAN Q Z,ZHANG Y,MA W C,et al. Spatial and seasonal dynamics of ship emissions over the Yangtze River Delta and East China Sea and their potential environmental influence［J］. Environmental science & technology,2016,50(3)：1322-1329.

［8］ MAO J B,ZHANG Y,YU F Q,et al. Simulating the impacts of ship emissions on coastal air quality：Importance of a high-resolution emission inventory relative to cruise- and land-based observations［J］. Science of the total environment,2020,728：138454.

［9］ WANG X N,SHEN Y,LIN Y F,et al. Atmospheric pollution from ships and its impact on local air quality at a port site in Shanghai［J］. Atmospheric chemistry and physics,2019,19(9)：6315-6330.

［10］ 香港特别行政区环境保护署. 2017 年香港排放清单报告［R］. 香港：中国香港特别行政区政府,2019.

［11］ CHEN D S,FU X Y,GUO X R,et al. The impact of ship emissions on nitrogen and sulfur deposition in China[J]. Science of the total environment, 2020,708:134636.

[12] IBRAHIM M E. NO$_x$ and SO$_x$ emissions and climate changes[J]. World applied sciences journal,2014,31(8):1422-1426.

[13] SOFIEV M,WINEBRAKE J J,JOHANSSON L,et al. Cleaner fuels for ships provide public health benefits with climatetradeoffs[J]. Nature communications,2018,9(1):406.

[14] CARR E W,CORBETT J J. Ship compliance in emission control areas:Technology costs and policy instruments[J]. Environmental science & technology, 2015,49(16):9584-9591.

[15] CORBETT J J,WINEBRAKE J J,GREEN E H,et al. Mortality from ship emissions:A global assessment[J]. Environmental science & technology, 2007,41(24):8512-8518.

[16] LIU H,FU M L,JIN X X,et al. Health and climate impacts of ocean-going vessels in East Asia[J]. Nature climate change,2016,6:1037-1041.

[17] AMMAR N R,SEDDIEK I S. Eco-environmental analysis of ship emission control methods:Case study RO-RO cargo vessel[J]. Ocean engineering, 2017,137:166-173.

[18] 环境保护部机动车排污监控中心. 中国船舶大气污染物排放清单报告 [R]. 北京:中华人民共和国生态环境部,2016.

[19] CLAREMAR B,HAGLUND K,RUTGERSSON A. Ship emissions and the use of current air cleaning technology:Contributions to air pollution and acidification in the Baltic Sea[J]. Earth system dynamics,2017,8(4):901-919.

[20] ÅSTRÖM S,YARAMENKA K,WINNES H,et al. The costs and benefits of a nitrogen emission control area in the Baltic and North Seas[J]. Transportation research part D:Transport and environment,2018,59:223-236.

[21] United States Environmental Protection Agency. 40 CFR Part 1042-Control of emissions from new and in-use marine compression-ignition engines and vessels [EB/OL]. https://www. ecfr. gov/cgi-bin/text-idx? SID = a8a469920cf35098c9f7bcd496ab758a&mc=true&node=pt40. 36. 1042&rgn=div5, 2016-10-25.

[22] 国家环境保护总局,国家质量监督检验检疫总局. 非道路移动机械用柴油机排气污染物排放限值及测量方法(中国 I、II 阶段):GB 20891—2007 [S]. 北京:中国环境科学出版社,2007.

［23］中华人民共和国环境保护部,国家质量监督检验检疫总局. 非道路移动机械用柴油机排气污染物排放限值及测量方法(中国第三、四阶段):GB 20891—2014[S]. 北京:中国环境科学出版社,2014.

［24］水运局. 船舶与港口污染防治专项行动实施方案(2015-2020)[EB/OL]. (2015-08-27)[2024-08-20]. https://www. gov. cn/gongbao/content/2016/content_5038094. htm.

［25］环境保护部,国家质量监督检验检疫总局. 船舶发动机排气污染物排放限值及测量方法(中国第一、二阶段):GB 15097—2016 [S]. 北京:中国环境科学出版社,2018.

［26］海事局. 交通运输部关于印发船舶大气污染物排放控制区实施方案的通知[EB/OL]. (2018-12-20)[2024-08-20]. https://xxgk. mot. gov. cn/2020/jigou/haishi/202008/t20200828_3457437.

［27］BRYNOLF S,MAGNUSSON M,FRIDELL E, et al. Compliance possibilities for the future ECA regulations through the use of abatement technologies or change of fuels[J]. Transportation research part D:Transport and environment,2014,28:6-18.

［28］MERIEN-PAUL R H,ENSHAEI H,JAYASINGHE S G. Effects of fuel-specific energy and operational demands on cost/emission estimates:A case study on heavy fuel-oil vs liquefied natural gas[J]. Transportation research part D:Transport and environment,2019,69:77-89.

［29］Winterthur Gas & Diesel. Wärtsilä low-speed low-pressure dual-fuel engines - the industry standard [R]. Winterthur:Winterthur Gas & Diesel,2015.

［30］WEST Mark. A practical guide to exhaust gas cleaning systems for the maritime industry [R]. Wraysbury:Exhaust gas cleaning systems association, 2013.

［31］RAPTOTASIOS S I,SAKELLARIDIS N F,PAPAGIANNAKIS R G,et al. Application of a multi-zone combustion model to investigate the NO_x reduction potential of two-stroke marine diesel engines using EGR[J]. Applied energy, 2015,157:814-823.

［32］GUO M Y,FU Z C,MA D G,et al. A short review of treatment methods of marine diesel engine exhaust gases[J]. Procedia engineering,2015,121:938-943.

［33］LION S,VLASKOS I,TACCANI R. A review of emissions reduction technologies for low and medium speed marineDiesel engines and their potential for

waste heat recovery[J]. Energy conversion and management,2020,207:
112553.

[34] 张记超,陆虎,贺蓓蕾. 低硫法令对船舶柴油机的影响及解决方案[J].
中国航海,2011,34(3):30-33.

[35] VAN T C,RAMIREZ J,RAINEY T,et al. Global impacts of recent IMO regu-
lations on marine fuel oil refining processes and ship emissions[J]. Transpor-
tation research part D:Transport and environment,2019,70:123-134.

[36] 刘佃涛. 船舶废气钠碱脱硫吸收和氧化特性及综合评判体系研究[D].
哈尔滨:哈尔滨工程大学,2017.

[37] AGARWAL D,SINGH S K,AGARWAL A K. Effect of Exhaust Gas Recircu-
lation(EGR)on performance,emissions,deposits and durability of a constant
speed compression ignition engine[J]. Applied energy,2011,88(8):2900-
2907.

[38] JIANG X X,WEI H Q,ZHOU L,et al. Numerical study on the effects of mul-
tiple-injection coupled with EGR on combustion and NO_x emissions in a ma-
rine diesel engine[J]. Energy procedia,2019,158:4429-4434.

[39] WANG Z G,ZHOU S,FENG Y M,et al. Research of NO_x reduction on a low-
speed two-stroke marine diesel engine by using EGR(exhaust gas recircula-
tion)-CB(cylinder bypass)and EGB(exhaust gas bypass)[J]. Internation-
al journal of hydrogen energy,2017,42(30):19337-19345.

[40] HANSEN J P,KALTOFT J,BAK F,et al. Reduction of SO_2,NO_x and particu-
late matters from ships with diesel engines[R]. Kφbenhavn K:
Miljφstyrelsen,2014.

[41] 李卿. 我国内河 LNG 动力船舶发展与应用分析[D]. 大连:大连海事大
学,2017.

[42] ANEZIRIS O,KOROMILA I,NIVOLIANITOU Z. A systematic review on
LNG safety at ports[J]. Safety science,2020,124:104595.

[43] WAN C P,YAN X P,ZHANG D,et al. A novel policy making aid model for
the development of LNG fuelled ships[J]. Transportation research part A:
Policy and practice,2019,119:29-44.

[44] PANASIUK I,TURKINA L. The evaluation of investments efficiency of SO_x
scrubber installation[J]. Transportation research part D:Transport and envi-
ronment,2015,40:87-96.

[45] ARMELLINI A,DANIOTTI S,PINAMONTI P,et al. Evaluation of gas tur-

bines as alternative energy production systems for a large cruise ship to meet new maritime regulations[J]. Applied energy,2018,211:306-317.

[46] GILBERT P,WALSH C,TRAUT M,et al. Assessment of full life-cycle air emissions of alternative shipping fuels [J]. Journal of cleaner production, 2018,172:855-866.

[47] LINDSTAD H E,ESKELAND G S. Environmental regulations in shipping: Policies leaning towards globalization of scrubbers deserve scrutiny [J]. Transportation research part D:Transport and environment,2016,47:67-76.

[48] BOSCARATO I,HICKEY N,KAŠPAR J,et al. Green shipping:Marine engine pollution abatement using a combined catalyst/seawater scrubber system. 1. Effect of catalyst[J]. Journal of catalysis,2015,328:248-257.

[49] YANG S L,PAN X X,HAN Z T,et al. Kinetics of nitric oxide absorption from simulated flue gas by a wet UV/chlorine advanced oxidation process[J]. Energy & fuels,2017,31(7):263-7271.

[50] ZHAO Y,SHUANG-CHEN M A,WANG X M,et al. Experimental and mechanism studies on seawater flue gas desulfurization[J]. Journal of environmental sciences (China),2003,15(1):123-128.

[51] RODRIGUEZ-SEVILLA J,ÁLVAREZ M,DÍAZ M C,et al. Absorption equilibria of dilute SO_2 in seawater[J]. Journal of chemical and engineering data, 2004,49(6):1710-1716.

[52] BARRERO F V,OLLERO P,GUTIÉRREZ ORTIZ F J,et al. Catalytic seawater flue gas desulfurization process:An experimental pilot plant study[J]. Environmental science & technology,2007,41(20):7114-7119.

[53] LAN T,LEI L C,YANG B,et al. Kinetics of the iron(II)- and manganese (II)-catalyzed oxidation of S(IV) in seawater with acetic buffer:A study of seawater desulfurization process[J]. Industrial & engineering chemistry research,2013,52(13):4740-4746.

[54] ILIUTA I,ILIUTA M C. Modeling of SO_2 seawater scrubbing in countercurrent packed-bed columns with high performance packings[J]. Separation and purification technology,2019,226:162-180.

[55] ILIUTA I,LARACHI F. Modeling and simulations of NO_x and SO_2 seawater scrubbing in packed-bed columns for marine applications [J]. Catalysts, 2019,9(6):489.

[56] 许梦东,曾向明,何永明,等. 海水脱硫技术在船舶废气处理上的应用

[J]. 中国水运,2018,18(12):113-114.

[57] ALEJANDRO H M, ALICAN K, JÉRÉMY P, et al. Study of exhaust gas cleaning systems for vessels to fulfill IMO III in 2016[R]. Barcelona: UPC Universitat Politècnica de Catalunya,2011.

[58] Wärtsilä. Exhaust gas cleaning system[R]. Helsinki: Wärtsilä,2013.

[59] ANDREASEN A, MAYER S. Use of seawater scrubbing for SO2 removal from marine engine exhaust gas[J]. Energy & fuels,2007,21(6):3274-3279.

[60] 盖国胜. 船舶动力装置海水脱硫系统仿真及实验研究[D]. 哈尔滨:哈尔滨工程大学,2012.

[61] CAIAZZO G, LANGELLA G, MICCIO F, et al. An experimental investigation on seawater SO_2 scrubbing for marine application[J]. Environmental progress & sustainable energy,2013,32(4):1179-1186.

[62] LAMAS M I, RODRÍGUEZ G G, RODRÍGUEZ J D, et al. Numerical model of SO_2 scrubbing with seawater applied to marine engines[J]. Polish maritime research,2016,23(2):42-47.

[63] Wärtsilä. Public test report: Exhaust gas scrubber installed on board MT "Suula"[R]. Helsinki: Wärtsilä,2011.

[64] 李文. 船用柴油机硫化物排放控制技术研究[D]. 武汉:武汉理工大学,2013.

[65] LIU D T, ZHOU S, ZHOU J X, et al. Using scrubbing tower to remove SO_2 from marine diesel engine exhaust[J]. Journal of investigative medicine,2014,62(8):S86-S86.

[66] LIU D T, ZHOU S, LEI Y F, et al. Experimental study and model analysis of sodium desulfurization in marine application[J]. Journal of chemical engineering of Japan,2015,48(11):909-914.

[67] 唐晓佳. 船舶废气镁基脱硫系统优化研究[D]. 大连:大连海事大学,2014.

[68] TANG X J, LI T, YU H, et al. Prediction model for desulphurization efficiency of onboard magnesium-base seawater scrubber[J]. Ocean engineering,2014,76:98-104.

[69] 唐晓佳,李铁,郝阳,等. 镁基-海水法船舶烟气脱硫效率研究[J]. 应用基础与工程科学学报,2012,20(6):1081-1087.

[70] The Glosten Associates. Exhaust gas cleaning systems selection guide[R]. Seattle: U. S. Department of Transportation,2011.

［71］Clean Marine. Clean Marine's EGCS first to operate in US emission control area［EB/OL］.（2013-09-04）［2024-08-22］. https：//www. offshore-energy. biz/clean-marines-egcs-is-first-to-operate-inside-us-emission-control-area.

［72］Clean Marine. Clean marine to supply exhaust gas cleaning systems for NYK stolt tankers［EB/OL］.（2014-01-17）［2024-08-22］. https：//www. offshore-energy. biz/clean-marine-to-supply-exhaust-gas-cleaning-systems-for-nyk-stolt-tankers.

［73］AUSTIN C,MACDONALD F,ROJON I. Marine scrubbers：The guide 2015 ［M］. Windsor：Fathom Maritime Intelligence,2015.

［74］Fuji Electric. Exhaust gas cleaning system for SO_x and PM regulation compliance［R］. Tokyo：Fuji Electric,2014.

［75］Fuji Electric. Innovative marine exhaust and electric solutions from Fuji Electric ［R］. Tokyo：Fuji Electric,2014.

［76］郝姗. 船舶尾气净化工艺与设备研究［D］. 北京：北京化工大学,2015.

［77］季向赟. 基于电解原理的船舶废气脱硝实验研究［D］. 大连：大连海事大学,2016.

［78］孔清. 基于 $NaClO_2$-海水的船舶柴油机废气脱硝实验研究［D］. 大连：大连海事大学,2016.

［79］YANG S L,PAN X X,HAN Z T,et al. Nitrogen oxide removal from simulated flue gas by UV-irradiated sodium chlorite solution in a bench-scale scrubbing reactor［J］. Industrial & engineering chemistry research,2017,56（13）：3671-3678.

［80］YANG S L,HAN Z T,PAN X X,et al. Nitrogen oxides removal using seawater electrolysis in an undivided cell for ocean-going vessels［J］. RSC advances,2016,6（115）：114623-114631.

［81］杨少龙. 基于紫外/电解海水的船舶废气脱硝性能与机理研究［D］. 大连：大连海事大学,2017.

［82］刘飞. 低温等离子体氧化 NO 的实验研究［D］. 武汉：武汉理工大学,2018.

［83］夏鹏飞. 基于 O_3/NaClO 协同氧化法的船舶废气脱硝实验研究［D］. 大连：大连海事大学,2018.

［84］梁远闯. 水力空化强化 NaClO 的船舶废气脱硝实验研究［D］. 大连：大连海事大学,2019.

［85］于树博. 水力空化强化 $NaClO_2$ 湿法脱硝性能研究［D］. 大连：大连海事大学,2019.

[86] CHANG S G, LITTLEJOHN D, LYNN S. Effects of metal chelates on wet flue gas scrubbing chemistry[J]. Environmental science & technology, 1983, 17 (11):649-653.

[87] 钟秦, 吕喆, 陈迁乔. 可再生半胱氨酸亚铁溶液同时脱除 SO_2 和 NO_x [J]. 南京理工大学学报(自然科学版), 2000, 24(5):441-444, 472.

[88] LONG X L, XIAO W D, YUAN W K. Removal of nitric oxide and sulfur dioxide from flue gas using a hexamminecobalt(II)/iodide solution[J]. Industrial & engineering chemistry research, 2004, 43(15):4048-4053.

[89] LONG X L, XIAO W D, YUAN W K. Simultaneous absorption of NO and SO_2 intohexamminecobalt(II)/iodide solution[J]. Chemosphere, 2005, 59(6): 811-817.

[90] MAO Y P, BI W, LONG X L. Kinetics for the simultaneous absorption of nitric oxide and sulfur dioxide with the hexamminecobalt solution[J]. Separation purification technology, 2008, 62(1):183-191.

[91] 黄艺. 尿素湿法联合脱硫脱硝技术研究[D]. 杭州:浙江大学, 2006.

[92] FANG P, CEN C P, TANG Z X, et al. Simultaneous removal of SO_2 and NO_x by wet scrubbing using urea solution[J]. Chemical engineering journal, 2011, 168(1):52-59.

[93] 杨一理. 尿素与氧化剂复合吸收液同时脱硫脱硝实验研究[D]. 杭州:浙江工业大学, 2013.

[94] 叶呈炜. 尿素法同时脱硫脱硝中 NO_x 最佳氧化度的研究[D]. 武汉:武汉理工大学, 2018.

[95] CHIEN T W, CHU H. Removal of SO_2 and NO from flue gas by wet scrubbing using an aqueous $NaClO_2$ solution[J]. Journal of hazardous materials, 2000, 80(1/2/3):43-57.

[96] CHU H, CHIEN T W, TWU B W. The absorption kinetics of NO in $NaClO_2$/NaOH solutions[J]. Journal of hazardous materials, 2001, 84(2/3):241-252.

[97] CHIEN T W, CHU H, HSUEH H T. Kinetics study on absorption of SO_2 and NO_x with acidic $NaClO_2$ solutions using the spraying column[J]. Journal of environmental engineering, 2003, 129(11):967-974.

[98] POURMOHAMMADBAGHER A, JAMSHIDI E, ALE-EBRAHIM H, et al. Study on simultaneous removal of NO_x and SO_2 with $NaClO_2$ in a novel swirl wet system[J]. Industrial & engineering chemistry research, 2011, 50(13):

8278-8284.

[99] PARK H W, CHOI S, PARK D W. Simultaneous treatment of NO and SO$_2$ with aqueous NaClO$_2$ solution in a wet scrubber combined with a plasma electrostatic precipitator[J]. Journal of hazardous materials, 2015, 285:117-126.

[100] ZHAO Y, GUO T X, CHEN Z Y, et al. Simultaneous removal of SO$_2$ and NO using M/NaClO$_2$ complex absorbent[J]. Chemical engineering journal, 2010, 160(1):42-47.

[101] 严金英. 燃煤烟气 NaClO$_2$/NaClO 复合吸收液同时脱硫脱硝实验研究[D]. 杭州:浙江工业大学, 2011.

[102] 赵静. NaClO$_2$/NaClO 复合吸收剂烟气脱硫脱硝一体化技术及机理研究[D]. 杭州:浙江工业大学, 2012.

[103] MONDAL M K, CHELLUBOYANA V R. New experimental results of combined SO$_2$ and NO removal from simulated gas stream by NaClO as low-cost absorbent[J]. Chemical engineering journal, 2013, 217:48-53.

[104] RAGHUNATH C V, MONDAL M K. Reactive absorption of NO and SO$_2$ into aqueous NaClO in a counter-current spray column[J]. Asia-pacific journal of chemical engineering, 2016, 11(1):88-97.

[105] 曲艳楠. 电厂烟气湿式间接电催化氧化同时脱硫脱硝的研究[D]. 长春:吉林大学, 2015.

[106] WANG J, ZHONG W Q. Simultaneous desulfurization and denitrification of sintering flue gas via composite absorbent[J]. Chinese journal of chemical engineering, 2016, 24(8):1104-1111.

[107] LIÉMANS I, ALBAN B, TRANIER J P, et al. SO$_x$ and NO$_x$ absorption based removal into acidic conditions for the flue gas treatment in oxy-fuel combustion[J]. Energy procedia, 2011, 4:2847-2854.

[108] LIU Y X, ZHANG J, SHENG C D. Kinetic model of NO removal from SO$_2$-containing simulated flue gas by wet UV/H$_2$O$_2$ advanced oxidation process[J]. Chemical engineering journal, 2011, 168(1):183-189.

[109] LIU Y X, WANG Q, YIN Y S, et al. Advanced oxidation removal of NO and SO$_2$ from flue gas by using ultraviolet/H$_2$O$_2$/NaOH process[J]. Chemical engineering research and design, 2014, 92(10):1907-1914.

[110] CHU H, CHIEN T W, LI S Y. Simultaneous absorption of SO$_2$ and NO from flue gas with KMnO$_4$/NaOH solutions[J]. Science of the total environment, 2001, 275(1/2/3):127-135.

[111] 钟毅,高翔,骆仲泱,等. $KMnO_4/NaOH$ 溶液吸收 SO_2/NO 的动力学研究 [J]. 浙江大学学报(工学版),2009,43(5):948-952.

[112] 郭瑞堂,潘卫国,任建兴,等. $KMnO_4/NaOH$ 溶液同时脱硫脱硝的热力学研究[J]. 华东电力,2010,38(1):44-46.

[113] 雷鸣,岑超平,胡将军. 尿素/$KMnO_4$ 湿法烟气脱硫脱氮的实验研究[J]. 环境科学研究,2006,19(1):43-45,56.

[114] 白云峰,李永旺,吴树志,等. $KMnO_4/CaCO_3$ 协同脱硫脱硝实验研究 [J]. 煤炭学报,2008,33(5):575-578.

[115] FANG P,CEN C P,WANG X M,et al. Simultaneous removal of SO_2,NO and HgO by wet scrubbing using urea+$KMnO_4$ solution[J]. Fuel processing technology,2013,106:645-653.

[116] KHAN N E,ADEWUYI Y G. Absorption and oxidation of nitric oxide (NO) by aqueous solutions of sodium persulfate in a bubble column reactor[J]. Industrial & engineering chemistry research,2010,49(18):8749-8760.

[117] ADEWUYI Y G,SAKYI N Y. Simultaneous absorption and oxidation of nitric oxide andsulfur dioxide by aqueous solutions of sodium persulfate activated by temperature[J]. Industrial & engineering chemistry research,2013, 52(33):11702-11711.

[118] ADEWUYI Y G,SAKYI N Y,KHAN M A. Simultaneous removal of NO and SO_2 from flue gas by combined heat and Fe^{2+} activated aqueous persulfate solutions[J]. Chemosphere,2018,193:1216-1225.

[119] LIU Y X,ZHANG J. Removal of NO from flue gas using $UV/S_2O_8^{2-}$ process in a novel photochemical impinging stream reactor[J]. Aiche journal,2017, 63(7):2968-2980.

[120] HUANG H,HU H,ANNANUROV S,et al. Interaction among the simultaneous removal of SO_2,NO and HgO by electrochemical catalysis in $K_2S_2O_8$ [J]. Fuel,2020,260:116323.

[121] MOK Y S,LEE H J. Removal of sulfur dioxide and nitrogen oxides by using ozone injection and absorption-reduction technique[J]. Fuel processing technology,2006,87(7):591-597.

[122] WANG Z H,ZHOU J H,ZHU Y Q,et al. Simultaneous removal of NO_x,SO_2 and Hg in nitrogen flow in a narrow reactor by ozone injection:Experimental results[J]. Fuel processing technology,2007,88(8):817-823.

[123] SUN W Y,DING S L,ZENG S S,et al. Simultaneous absorption of NO_x and

SO$_2$ from flue gas with pyrolusite slurry combined with gas-phase oxidation of NO using ozone[J]. Journal of hazardous materials, 2011, 192(1):124-130.

[124] ZHOU S, ZHOU J X, FENG Y M, et al. Marine emission pollution abatement using ozone oxidation by a wet scrubbing method[J]. Industrial & engineering chemistry research, 2016, 55(20):5825-5831.

[125] 杨岚. 基于氧化湿法与非平衡等离子体干法的高效烟气脱硫脱硝工艺研究[D]. 西安: 西北大学, 2019.

[126] LIANG C J, HUANG C F, CHEN Y J. Potential for activated persulfate degradation of BTEX contamination[J]. Water research, 2008, 42(15):4091-4100.

[127] LIANG C J, CHEN Y J, CHANG K J. Evaluation of persulfate oxidative wet scrubber for removing BTEX gases[J]. Journal of hazardous materials, 2009, 164(2/3):571-579.

[128] LIANG C J, LEE I L. In situ iron activated persulfate oxidative fluid sparging treatment of TCE contamination - a proof of concept study[J]. Journal of contaminant hydrology, 2008, 100(3/4):91-100.

[129] DO S H, KWON Y J, KONG S H. Effect of metal oxides on the reactivity of persulfate/Fe(II) in the remediation of diesel-contaminated soil and sand [J]. Journal of hazardous materials, 2010, 182(1/2/3):933-936.

[130] 傅献彩. 物理化学-下册[M]. 5 版. 北京: 高等教育出版社, 2006.

[131] CHU H, LI S Y, CHIEN T W. The absorption kinetics of NO from flue gas in a stirred tank reactor with KMnO$_4$/NaOH solutions[J]. Journal of environmental science and health, part a, 1998, 33(5):801-827.

[132] BROGREN C, KARLSSON H T, BJERLE I. Absorption of NO in an aqueous solution of NaClO$_2$[J]. Chemical engineering & technology, 1998, 21(1):61-70.

[133] THOMAS D, VANDERSCHUREN J. Modeling of NO$_x$ absorption into nitric acid solutions containing hydrogen peroxide[J]. Industrial & engineering chemistry research, 1997, 36(8):3315-3322.

[134] SHIH Y J, PUTRA W N, HUANG Y H, et al. Mineralization and deflourization of 2, 2, 3, 3-tetrafluoro-1-propanol (TFP) by UV/persulfate oxidation and sequential adsorption[J]. Chemosphere, 2012, 89(10):1262-1266.

[135] LIANG C J, WANG Z S, MOHANTY N. Influences of carbonate and chloride

ions on persulfate oxidation of trichloroethylene at 20 ℃[J]. Science of the total environment,2006,370(2/3):271-277.

[136] GAO X C MA X X,KANG X,et al. Oxidative absorption of NO by sodium persulfate coupled with Fe^{2+}, Fe_3O_4, and H_2O_2[J]. Environmental progress & sustainable energy,2015,34(1):117-124.

[137] 中国船级社. 船舶废气清洗系统实验及检验指南 2016[R]. 北京:中国船级社,2016.

[138] 程雅琳. 溶析结晶法处理高浓度硝酸盐废水的研究[D]. 太原:太原理工大学,2019.

[139] 葛晓红. 多金属氧酸盐二氧化钛复合材料对水中硝酸盐氮的处理研究[D]. 泰安:山东农业大学,2019.

[140] YANG S L,PAN X X,HAN Z T,et al. Removal of NO_x and SO_2 from simulated ship emissions using wet scrubbing based on seawater electrolysis technology[J]. Chemical engineering journal,2018,331:8-15.

[141] LASALLE A,ROIZARD C,MIDOUX N,et al. Removal of nitrogen oxides (NO_x) from flue gases using the urea acidic process:Kinetics of the chemical reaction of nitrous acid with urea[J]. Industrial & engineering chemistry research,1992,31(3):777-780.

[142] ADEWUYI Y G,KHAN M A. Nitric oxide removal from flue gas by combined persulfate and ferrous-EDTA solutions:Effects of persulfate and EDTA concentrations,temperature,pH and SO_2[J]. Chemical engineering journal,2016,304:793-807.

[143] YANG G Q,DU B,FAN L S. Bubble formation and dynamics in gas-liquid-solid fluidization—A review[J]. Chemical engineering science,2007,62(1/2):2-27.

[144] COX W M,WOLFENDEN J H. The viscosity of strong electrolytes measured by a differential method[J]. Proceedings of the royal society A,1934,145(855):475-488.

[145] JONES G,DOLE M. The viscosity of aqueous solutions of strong electrolytes with special reference to barium chloride[J]. Journal of the American chemical society,1929,51(10):2950-2964.

[146] LIU Y X,WANG Q,PAN J F. Novel process of simultaneous removal of nitric oxide and sulfur dioxide using a vacuum ultraviolet (VUV)-activated $O_2/H_2O/H_2O_2$ system in a wet VUV-spraying reactor[J]. Environmental

science & technology,2016,50(23):12966-12975.

[147] WU B,XIONG Y Q,RU J B,et al. Removal of NO from flue gas using heat-activated ammonium persulfate aqueous solution in a bubbling reactor[J]. RSC advances,2016,6(40):33919-33930.

[148] KOLTHOFF I M,MILLER I K. The chemistry of persulfate. I. the kinetics and mechanism of the decomposition of the persulfate ion in aqueous Medium[1][J]. Journal of the American chemical society,2002,73(7):3055-3059.

[149] LIU Y X,ZHANG J,SHENG C D,et al. Simultaneous removal of NO and SO_2 from coal-fired flue gas by UV/H_2O_2 advanced oxidation process[J]. Chemical engineering journal,2010,162(3):1006-1011.

[150] ADEWUYI Y G,OWUSU S O. Aqueous absorption and oxidation of nitric oxide with oxone for the treatment of tail gases:Process feasibility,stoichiometry,reaction pathways,and absorption rate[J]. Industrial & engineering chemistry research,2003,42(17):4084-4100.

[151] BUXTON G V,GREENSTOCK C L,HELMAN W P,et al. Critical review of rate constants for reactions of hydrated electrons,hydrogen atoms and hydroxyl radicals ($\cdot OH/\cdot O^-$ in aqueous solution[J]. Journal of physical and chemical reference data,1988,17(2):513-886.

[152] ADEWUYI Y G,OWUSU S O. Ultrasound-induced aqueous removal of nitric oxide from flue gases:Effects of sulfur dioxide,chloride,and chemical oxidant[J]. The journal ofphysical chemistry A,2006,110(38):11098-11107.

[153] XI H Y,ZHOU S,ZHANG Z. Novel method using $Na_2S_2O_8$ as an oxidant to simultaneously absorb SO_2 and NO from marine diesel engine exhaust gases [J]. Energy & fuels,2020,34(2):1984-1991.

[154] LIU Y X,LIU Z Y,WANG Y,et al. Simultaneous absorption of SO_2 and NO from flue gas using ultrasound/Fe^{2+}/heat coactivated persulfate system[J]. Journal of hazardous materials,2018,342:326-334.

[155] ZHANG Z,ZHOU S,XI H Y,et al. A prospective method to absorb NO_2 by the addition of $NaHSO_3$ to Na_2SO_3-based absorbents for ship NO_x wet absorption[J]. Energy & fuels,2020,34(2):2055-2063.

[156] LIU Y X,XU W,ZHAO L,et al. Absorption of NO and simultaneous absorption of SO_2/NO using a vacuum ultraviolet light/ultrasound/$KHSO_5$ system

[J]. Energy & fuels,2017,31(11):12364-12375.

[157] 吴波. 双氧水/铁基材料异相芬顿反应耦合氨基溶液同时脱硫脱硝机理研究[D]. 南京:东南大学,2018.

[158] 弓辉. $NaClO_2$/尿素复合吸收剂脱除 SO_2 和 NO 实验及机理研究[D]. 上海:华东理工大学,2017

[159] 王大淇,赵兵涛,张梓均,等. 氧化吸收法同步脱除燃烧烟气中 SO_2,NO_x 和 CO_2 的化学热力学及其评价[J]. 上海理工大学学报,2019,41(2): 130-136.

[160] 王金涛. 尿素/H_2O_2 溶液及非均相类 Fenton 湿法氧化脱硝实验研究[D]. 南京:东南大学,2019.

[161] 温学友,赵毅,苗志加. Fenton 氧化法进行烟气同时脱硫脱硝实验研究及热力学分析[J]. 河南理工大学学报(自然科学版),2018,37(4):68-75.

[162] 代宏哲,高续春,马亚军. 过硫酸钠溶液吸收 SO_2 和 NO 的热力学研究[J]. 当代化工,2016,45(5):949-951.

[163] 秦毅红,胡彬,杜凯,等. $Na_2S_2O_8$ 溶液脱硝的热力学计算与实验研究[J]. 硫酸工业,2017(7):10-15.

[164] 陶功开. 过硫酸钾湿法氧化净化一氧化氮实验研究[D]. 武汉:华中科技大学,2015.

[165] 王杰. 钢铁烧结烟气的低温鼓泡脱硫脱硝[D]. 南京:东南大学,2017.

[166] 王广博. $FeSO_4$/Na_2SO_3 溶液吸收烟气中 NO 的研究[D]. 大连:大连理工大学,2014.

[167] DEAN J A. 兰氏化学手册[M]. 魏俊发,张安运,杨祖培,等译. 2 版. 北京:科学出版社,2003.

[168] 张成芳. 气液反应和反应器[M]. 北京:化学工业出版社,1985.

[169] 许越. 化学反应动力学[M]. 北京:化学工业出版社,2005.

[170] LIU Y X,ZHANG J,SHENG C D. Study on the kinetics of NO removal from simulated flue gas by a wet ultraviolet/H_2O_2 advanced oxidation process[J]. Energy & fuels,2011,25(4):1547-1552.

[171] LIU Y X,PAN J F,ZHANG J,et al. Study on mass transfer-reaction kinetics of NO removal from flue gas by using a UV/fenton-like reaction[J]. Industrial & engineering chemistry research,2012,51(37):12065-12072.

[172] 谭天恩,金一中,骆有寿. 传质-反应过程[M]. 杭州:浙江大学出版社, 1990.

[173] LIU Y X, PAN J F, TANG A K, et al. A study on mass transfer-reaction kinetics of NO absorption by using UV/H_2O_2/NaOH process[J]. Fuel, 2013, 108:254-260.

[174] DESHWAL B R, JIN D S, LEE S H, et al. Removal of NO from flue gas by aqueous chlorine-dioxide scrubbing solution in a lab-scale bubbling reactor [J]. Journal of hazardous materials, 2008, 150(3):649-655.

[175] DE PAIVA J L, KACHAN G C. Modeling and simulation of a packed column for NO_x absorption with hydrogen peroxide[J]. Industrial & engineering chemistry research, 1998, 37(2):609-614.

[176] 叶群峰. 吸收法脱除模拟烟气中气态汞的研究[D]. 杭州:浙江大学, 2006.

[177] 刘杨先. UV/H_2O_2 高级氧化工艺一体化脱硫脱硝研究[D]. 南京:东南大学, 2011.

[178] 赵荣伟. 阳离子红 X-GRL 染料的 UV、O_3、O_3/UV 氧化处理研究[D]. 杭州:浙江大学, 2004.

[179] LIDE D R. CRC Handbook of chemistry and physics [M]. 90th ed. Florida Boca Raton:CRC press, 2009.

[180] 陈敏恒. 化工原理-上册[M]. 3 版. 北京:化学工业出版社, 2006.

[181] 时钧, 汪家鼎, 徐国琮, 等. 化学工程手册[M]. 2 版. 北京:化学工业出版社, 1996.

[182] CHARPENTIER J C. Mass-transfer rates in gas-liquid absorbers and reactors [J]. Advances in chemical engineering, 1981, 11:1-133.

[183] WISE D L, HOUGHTON G. Diffusion coefficients of neon, krypton, xenon, carbon monoxideand nitric oxide in water at 10-60 ℃[J]. Chemical engineering science, 1968, 23(10):1211-1216.

[184] ZACHARIA I G, DEEN W M. Diffusivity and solubility of nitric oxide in water and saline[J]. Annals of biomedical engineering, 2005, 33:214-222.

[185] 马沛生. 化工数据[M]. 北京:中国石化出版社, 2003.

[186] 王福安. 化工数据导引[M]. 北京:化学工业出版社, 1995.

[187] XI H Y, ZHOU S, ZHOU J X. New experimental results of NO removal from simulated marine engine exhaust gases by $Na_2S_2O_8$/urea solutions [J]. Chemical engineering journal, 2019, 362:12-20.

[188] SHAW W H R, BORDEAUX J J. The decomposition of urea in aqueous media[J]. Journal of American chemical society, 1955, 77(18):4729-

4733.

[189] MAHALIK K, SAHU J N, PATWARDHAN A V, et al. Statistical modelling and optimization of hydrolysis of urea to generate ammonia for flue gas conditioning[J]. Journal of hazardous materials, 2010, 182(1/2/3):603-610.

[190] MAHALIK K, SAHU J N, PATWARDHAN A V, et al. Kinetic studies on hydrolysis of urea in a semi-batch reactor at atmospheric pressure for safe use of ammonia in a power plant for flue gas conditioning[J]. Journal of hazardous materials, 2010, 175(1/2/3):629-637.

[191] XI H Y, ZHOU S, ZHANG Z. A novel method for the synchronous absorption of SO_2 and NO from marine diesel engines[J]. Fuel processing technology, 2020, 210:106560.

[192] XI H Y, ZHOU S, ZHOU J X, et al. A novel combined system using $Na_2S_2O_8$/urea to simultaneously remove SO_2 and NO in marine diesel engine exhaust[J]. Journal of hazardous materials, 2020, 399:123069.

[193] ADEWUYI Y G, KHAN M A, SAKYI N Y. Kinetics and modeling of the removal of nitric oxide by aqueous sodium persulfate simultaneously activated by temperature and Fe^{2+}[J]. Industrial & engineering chemistry research, 2014, 53(2):828-839.

名 词 索 引